准噶尔盆地玛湖凹陷西北缘
八道湾组砂砾岩沉积及储层特征

王 辉　李红伟　滕卫卫　袁述武　李 想　邱争科　著

中南大學出版社
www.csupress.com.cn
·长沙·

图书在版编目(CIP)数据

准噶尔盆地玛湖凹陷西北缘八道湾组砂砾岩沉积及储层特征／王辉等著. —长沙：中南大学出版社，2020.7

ISBN 978－7－5487－0491－1

Ⅰ.①准… Ⅱ.①王… Ⅲ.①准噶尔盆地—砂岩油气田—储集层—研究 Ⅳ.①P618.130.2

中国版本图书馆 CIP 数据核字(2020)第095349号

准噶尔盆地玛湖凹陷西北缘八道湾组砂砾岩沉积及储层特征

ZHUNGAER PENDI MAHU AOXIAN XIBEIYUAN BADAOWANZU SHALIYAN CHENJI JI CHUCENG TEZHENG

王 辉 李红伟 滕卫卫 袁述武 李 想 邱争科 著

□责任编辑 伍华进
□责任印制 易红卫
□出版发行 中南大学出版社
社址：长沙市麓山南路 邮编：410083
发行科电话：0731－88876770 传真：0731－88710482
□印 装 长沙市宏发印刷有限公司

□开 本 710 mm×1000 mm 1/16 □印张 9.5 □字数 202 千字
□互联网＋图书 二维码内容 图片 15 个 字数 1 千字
□版 次 2020年7月第1版 □2020年7月第1次印刷
□书 号 ISBN 978－7－5487－0491－1
□定 价 68.00元

图书出现印装问题，请与经销商调换

本书撰写人员

王　辉　李红伟　滕卫卫　袁述武　李　想

邱争科　武　鑫　周　庆　史　乐　吴让彬

李　婷　周栋华　杨　兴　胡晓云　于　超

吉　林　杨正兵　程　媛　韩　磊　翟志红

李若琛　赵孟洋　王翊田　左　强　冯　宁

作者简介

About the Author

王辉　男，1979 年 8 月生，江苏淮安人，高级工程师，现任新疆油田公司采油二厂总地质师。主要从事石油地质和油气田开发研究，发表学术论文 30 余篇，获新疆维吾尔自治区科技进步奖 1 项。

李红伟　男，1973 年 6 月生，河南临颍人，高级工程师，现任新疆油田公司采油二厂厂长、党委副书记。主要从事油气田开发和采油工程技术研究，发表学术论文 10 余篇，获新疆维吾尔自治区科技进步奖 1 项。

前言

Foreword

1955 年 10 月 29 日，克拉玛依 1 号井钻探工作在准噶尔盆地西北缘克拉玛依组砾岩中获得重大发现，由此诞生了中华人民共和国第一个大油田——克拉玛依油田。1955 年至 1989 年期间，盆地油气勘探集中在西北缘断裂带地区。20 世纪 80 年代末油气勘探开始"跳出断裂带，走向斜坡区"。近 10 年来，准噶尔盆地西北缘油气勘探持续取得重大突破，发现了十亿吨级砾岩大油田。近期又在上乌尔禾组发现大型砾岩油藏，在中、下二叠统火山岩和页岩中获得新的油气发现，老井复查在侏罗系等层系获得工业油流，因此准噶尔盆地西北缘呈现多层系含油、多类型储集层共生、多种油气藏共存的格局。侏罗系作为近年来突破层位较多的储层展现出巨大的勘探潜力，尤其是侏罗系八道湾组，其储层厚度大、物性好、油气显示良好，具备形成大型油气田的条件。虽然八道湾组油气资源潜力巨大，但是长期的油气勘探表明八道湾组具有岩性复杂、地层厚度和岩性纵横向变化快、煤层发育、油气层分布难以预测等特点，因此必须针对八道湾组开展详细的沉积和储层研究，才能为进一步的油气勘探奠定基础。

研究区八道湾组岩性以砾岩和砾质粗砂岩等粗粒沉积物为主，并夹有厚层煤线或煤层。横向上，砂砾岩等粗粒沉积物主要分布在靠近克乌断裂带一侧，向盆地逐渐变为中－细砂岩和泥岩等。纵向上，砂砾岩发育多个韵律结构，总体形成下粗上细的正韵律。砂砾岩中少见沉积构造和古生物化石，但常见冲刷充填构造，砂岩中可见植物碎片和薄层煤线。由于岩层中少见沉积构造，且平面上岩性变化较快，缺少明显的指相标志，使沉积相类型的分析具有许多不确定性，这也是众多学者争论的焦点问题。

研究区八道湾组油气资源丰富，但无论纵向上还是横向上均具有分布不均的问题。纵向上，油气显示主要分布在八道湾组下部砂砾岩中，平面上油气主要分布在克乌断裂带下降盘一侧，向斜坡区和凹陷内部油气显示较少。勘探成果表明克乌断裂带一侧的油气明显受到断裂的控制，而斜坡区和凹陷内部的油气与岩性和地层圈闭有关。岩性圈闭的面积和分布范围受到沉积相类型和储层物性的控制，因此，八道湾组沉积相和储层特征分析是准噶尔盆地西北缘下一步油气勘探的必要的基础性工作。

综上所述，目前研究区八道湾组的油气勘探存在沉积相类型的不确定性、圈闭和优质储层分布规律不明确等问题，影响了研究区进一步的油气勘探和生产。本书总结了克拉玛依油田近5年的油气勘探和开发的成果，依据丰富的地球物理资料和分析测试资料，重点分析了八道湾组的沉积相和储层特征。本书第1章为区域地质概况，介绍了研究区的地层和构造特征；第2章为层序地层学分析，介绍了层序划分依据和体系域分布特征；第3章为沉积相分析，详细介绍了沉积相类型、平面分布以及沉积相模式和沉积相演化；第4章为八道湾组储层特征分析，介绍了储层空间类型及优质储层控制因素；第5章为有利勘探目标优选，介绍了下一步油气勘探的有利目标区；第6章为结论和建议。本书可以作为沉积学和油气地质学及相关专业研究生学习的参考书，也可以为从事准噶尔盆地油气勘探的地质工作者提供参考。

目录

Contents

1 区域地质概况

本书勘探研究区域位于准格尔盆地西北缘克乌断裂带东侧八区。研究区西邻扎伊尔山，东接玛湖凹陷(图1-1)，面积约311 km^2。克拉玛依油田区域构造位于准噶尔盆地西北缘冲断带。一条克拉玛依大逆掩主断裂贯穿于整个构造带，受该主断裂控制而产生的分支断裂形成了一个大的逆掩断裂带。克拉玛依大逆掩断裂带可分为三段：红山嘴—车排子段、克拉玛依—百口泉段、乌尔禾—夏子街段；克拉玛依油田位于克拉玛依—百口泉段。克拉玛依大逆掩断裂带走向北东，总长250 km，断裂为逆掩性质，断面倾向西北，倾角上陡(60°~75°)、下缓(25°~45°)。以三叠系底界计算，其垂直断距280~1200 m，水平断距100~1400 m。在长期地质历史活动中，主断裂具有明显的同沉积性，上盘地层缺失多，沉积厚度小，而下盘地层缺失少，沉积厚度大。在长期推覆活动中，主断裂及其派生的小断裂构成了由西北(盆地边缘)向东南(盆地内部)逐级下降的断阶，并将油田切割成若干断块。在区域构造背景条件下，地层大多倾向东南，呈单斜状，倾角一般3°~7°，断裂附近可增大至20°。断裂上下盘控制发育多个油藏。

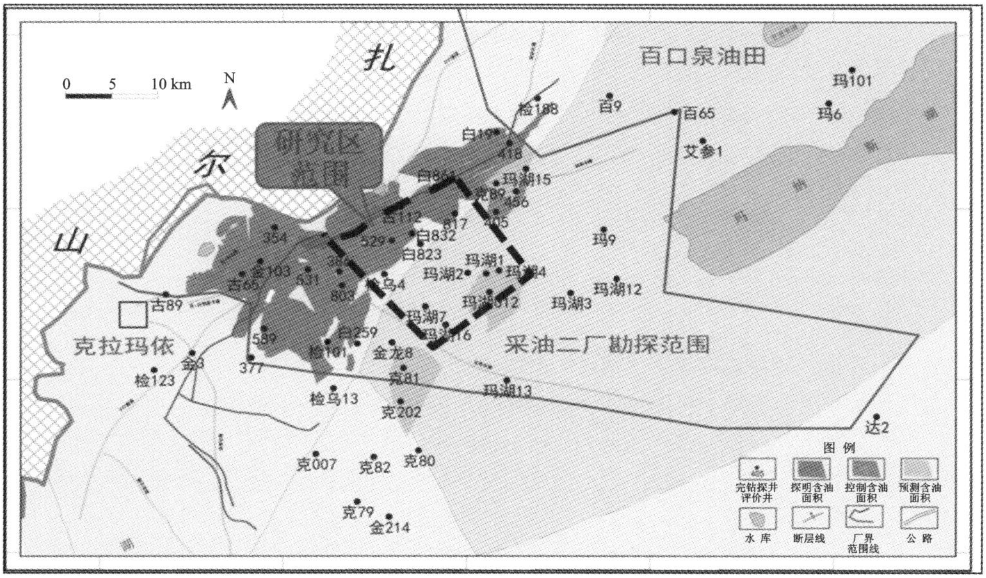

图1-1 研究区分布范围(图中黑色虚线框)(彩图见附录)

1.1 地层特征

1.1.1 区域地层

研究区地层自下而上依次发育有：石炭系(C)；二叠系佳木河组(P_1j)、下乌尔禾组(P_1w)、上乌尔禾组(P_2w)；三叠系百口泉组(T_1b)、克下组(T_2k_1)、克上组(T_2k_2)、白碱滩组(T_3b)；侏罗系八道湾组(J_1b)、三工河组(J_1s)、西山窑组(J_2x)、头屯河组(J_2t)；白垩系吐谷鲁群(K_1tg)。本次评价主要目的层为侏罗系八道湾组、三工河组。克拉玛依油田地层简况见表1-1。

表1-1　克拉玛依油田地层简况表

地质分层			层位代码	钻遇厚度/m	岩性简述
系	统	组			
白垩系		吐谷鲁组	K_1tg	798～1486	中上部岩性以灰色泥岩，泥质粉砂岩、粉砂岩、细砂岩，底部为灰绿色砂砾岩，与下伏地层不整合接触
侏罗系	中统	头屯河组	J_2t	90～218	岩性为砂砾岩、细砂岩、砂质泥岩和泥岩
		西山窑组	J_2x	76～220	岩性为灰绿色-浅灰色泥岩和细砂岩、中细砂岩、含砾不等粒砂岩、砂砾岩
	下统	三工河组	J_1s	84～285	岩性为中细砂岩、小砾岩、砂质泥岩和泥岩
		八道湾组	J_1b	73～696	岩性为中细砂岩、含砾砂岩、小砾岩、砂质泥岩和泥岩，与下伏地层不整合接触
三叠系	上统	白碱滩组	T_3b	119～532	岩性为细砂岩、泥质粉砂岩和泥岩
	中统	克拉玛依组	T_2k	258～483	岩性为中粗砂岩、砂质小砾岩、砂质泥岩和泥岩
	下统	百口泉组	T_1b	133～210	岩性为不等粒砾岩、不等粒小砾岩、砂质泥岩、泥岩，与下伏地层不整合接触

续表 1－1

地质分层			层位代码	钻遇厚度/m	岩性简述
系	统	组			
二叠系	上统	上乌尔禾组	P_2w	150～210	顶部为区域性泥岩盖层，中部为深灰色泥质粉砂岩、灰色含砾不等粒砂岩，灰色、深灰色砂砾岩；下部为大段灰色砂砾岩，与下伏地层不整合接触
		下乌尔禾组	P_1w	830～1153	灰绿色、灰色砂岩、灰绿色泥岩互层，泥质含量高
		夏子街组	P_2x	563～808	冲积扇；岩性为砾岩、泥质砂岩
	下统	风城组	P_1f	353～1172	岩性为火山岩、白云质凝灰岩、白云质泥岩
		佳木河组	P_1j	16～545	岩性为火山岩、火山角砾岩、火山角砾凝灰岩、砂岩、泥质白云岩、灰质砂砾岩，与下伏地层不整合接触
石炭系		石炭系	C		岩性为火山岩、火山角砾岩、火山角砾凝灰岩

1.1.2 研究区八道湾组地层

研究区八道湾组之下为三叠系白碱滩组。白碱滩组中部和下部以砂岩与泥岩互层为主，沉积相为三角洲相和湖泊相。白碱滩组上部为深灰色炭质泥岩夹薄层砂岩，沉积相类型为前三角洲和湖泊相半深湖。白碱滩组与上覆的八道湾组呈不整合接触关系，地震剖面中清晰可见八道湾组底界面对白碱滩组上部地层的削截现象。

八道湾组对白碱滩组的削截实际上是白碱滩组在沉积后隆升，并受到侵蚀作用形成的。后期在构造活动作用下研究区再次沉降并接受了八道湾组的沉积。

根据录井资料、地震资料和钻孔岩芯资料所反映的岩性特征，可把八道湾组划分为5个砂层组，自下而上分别命名为八5、八4、八3、八2和八1砂层组。其中，根据地层岩性垂向分布规律又可把八5砂层组划分为2个砂层，分别命名为八5^2和八5^1砂层(图1－2)。各砂层组和砂层的岩性分述如下：

(1)八5^2砂层：纵横向上岩性变化较大，纵向上以杂色厚层砾岩、砾质砂岩、灰绿色砂岩和泥质砂岩夹灰色泥岩为主。八5^2砂层底部常发育厚约0.1～0.5 m的煤层，煤层之上为泥质粉砂岩、细砂岩以及含砾砂岩等。但是在靠近克乌断裂

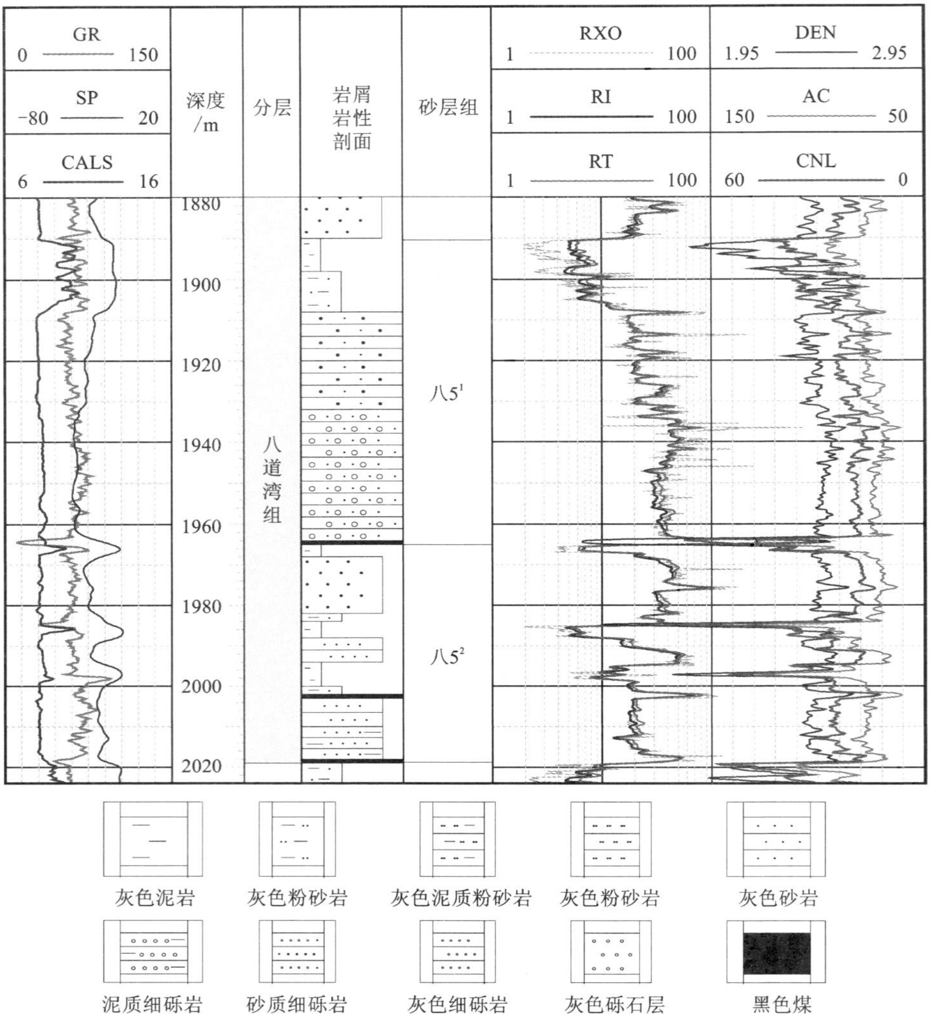

图 1-2　八道湾组白 832 井八 5 砂层组地层特征

带的区域，八 5^2 砂层常为中细砾岩、砾质粗砂岩夹泥岩，粒度明显较盆地内的粗。另外，录井资料分析表明，靠近克乌断裂带泥岩厚度及其在地层中所占比例明显较盆地区小，表明沉积相对岩性分布具有一定的控制作用。

(2)八 5^1 砂层：该砂层底部为厚约 0.5 m 的煤层，且该煤层底部也是八 5^1 与八 5^1 砂层的界线。煤层之上为杂色、灰绿色厚 - 巨厚层状中 - 细砾岩，该砾岩在研究区厚 30 ~ 40 m，砾岩中少见泥岩夹层。中、细砾岩之上为灰绿色含砾不等粒砂岩、含砾粗砂岩，平均厚度约 22 m。含砾砂岩之上为深灰色、灰色砂质泥岩和泥岩，平均厚约 4 m。

(3) 八 4 砂层组：

八 4 砂层组与下伏的八 5[1] 砂层呈侵蚀接触关系。地震剖面中可见八 4 砂层组底部对下伏地层的削蚀。侵蚀面之上为八 4 砂层组灰色、灰绿色砂岩、砾质砂岩等粗粒沉积。研究区该砂砾岩间常发育一套泥岩和砂质泥岩（图 1－3），厚度 2～5 m。部分井中该泥岩段中还发育有煤层或煤线（白 22 井，白 807），平均厚约 1.5 m。

(4) 八 3 砂层组：

该砂层组与八 4 砂层组呈整合接触关系，该砂层组以灰色泥岩和砂质泥岩为主，仅个别井中可见煤层（玛湖 2 井、玛湖 4 井），煤层厚约 1 m（图 1－3）。八 3 砂层组厚度 5～10 m。

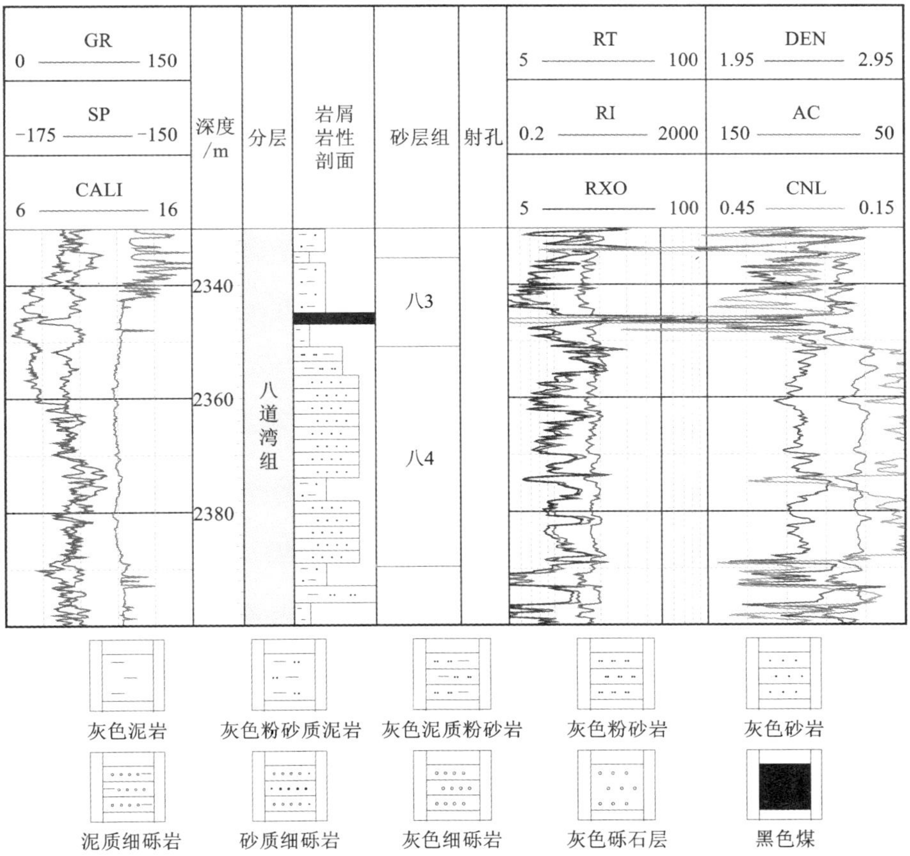

图 1－3　八道湾组八 4－八 3 砂层组岩性柱状图

(5)八2砂层组:

该砂层组与下伏八3砂层组呈整合接触关系。八2砂层组下部和上部常发育砂岩沉积，以细砂岩、粉砂岩、泥质细砂岩和泥质粉砂岩为主(图1-4)，部分井中可见含砾砂岩，砂岩中可见炭屑杂乱分布。该砂层组中部为泥岩和粉砂质泥岩，泥岩厚度2~5 m。该砂层组平均厚度约18 m。

(6)八1砂层组:

该砂层组与下伏八2砂层组呈侵蚀接触关系。八1砂层组下部常发育厚4~9 m的含砾不等粒砂岩、细砂岩、粉砂岩、泥质粉砂岩等(白807井、白833井、白802井、玛湖2井等)，向上过渡为泥岩、粉砂质泥岩和煤层(图1-4)。其中，煤层常发育1~3层(白22井、玛湖4井、克88)，该砂层组顶部的煤层是八道湾组与上覆地层的界线。

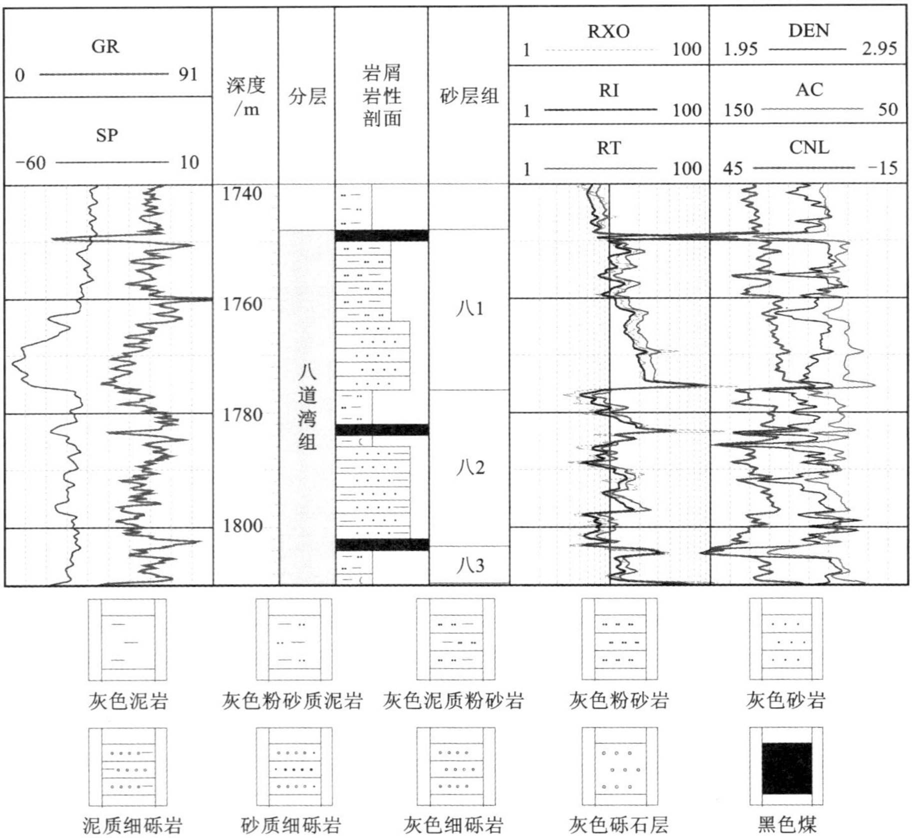

图1-4 八道湾组八2-八1砂层组岩性柱状图

1.2 构造精细解释

综合利用新钻井的测井、录井、试油、地质等资料分析，由点扩展到井点连线，再由线到面，严格遵循有关技术规程，运用现有的解释技术开展精细构造解释工作，修正、落实主要目的层断裂和构造，分析油藏内部小断层对油藏的控制作用。

按照先区域后局部，先区带后目标，先结构后沉积，先已知后未知的研究方法。依据这种研究方法，首先从区域成藏条件分析入手，分析油气分布规律及油气藏类型；然后依据地质结构、油气藏类型，对已知油藏进行解剖，总结该区的成藏规律，建立油藏(圈闭)模式，进行圈闭落实、评价及优选；最后进行部署方案研究，提供评价井部署建议。

1)首先从井出发，分析整理新钻井测井曲线，利用 Landmark 解释系统的 SynTool 模块精细制作合成记录，结合地震剖面波组反射特征对新钻井目的层进行标定。

2)区域研究成果和新钻井连井横向对比结合，确定地层厚度变化及波形特征变化，对比基干剖面、连井线、研究区对角斜线，从而确定层位对比方案。

3)利用新钻井层位标定来修正、落实前期断裂和构造组合特征，确定断层的走向和地层的倾向，建立构造模式，进而展开系统的精细构造解释。

4)利用 Landmark 解释系统的 DepthTeam 模块结合处理提供的速度体进行速度分析，建立全区速度场，再用 TDQ 时深转换模块进行变时深转换，得到精确的构造图。

1.2.1 地震资料品质分析

三维地震资料已基本覆盖全区。本次研究区主要被四块地震数据体覆盖：玛湖 1 三维、玛 10 三维、二次开发 B 块三维、中拐 581 三维[图 1－5(a)～(d)、表 1－2]。

表 1－2 研究区地震资料表

序号	资料名称	满覆盖面积/km^2	面元/(m×m)	采集时间	资料用途
1	二次开发B块三维	200	12.5×12.5	2008	构造解释、断裂精细识别、储层反演
2	玛湖 1 三维	405	12.5×25.0	2013	构造解释、断裂精细识别、储层反演
3	玛 10 三维	302	12.5×12.5	2013	构造解释、断裂精细识别
4	中拐 581 三维	197	12.5×25.0	2011	构造解释

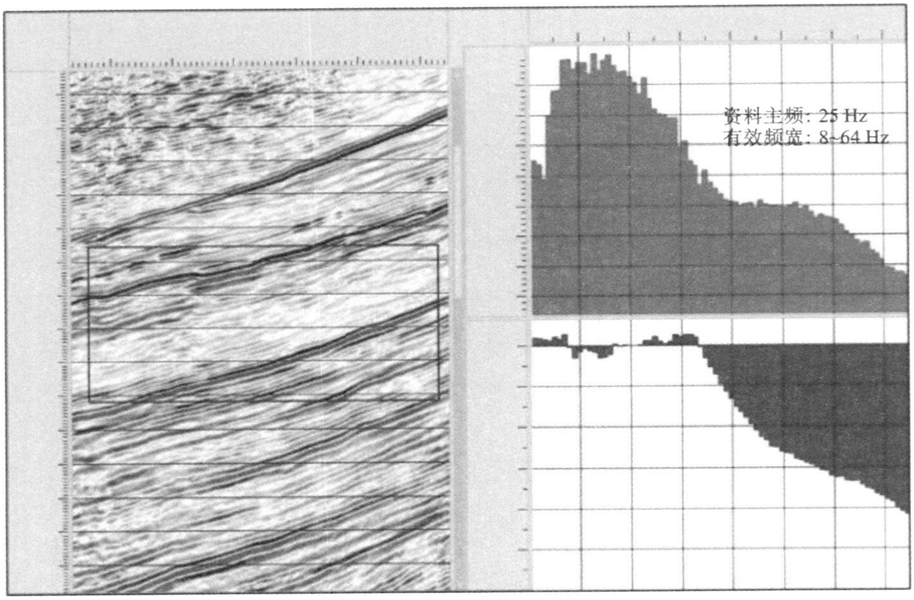

(a)二次开发B块三维频谱分析

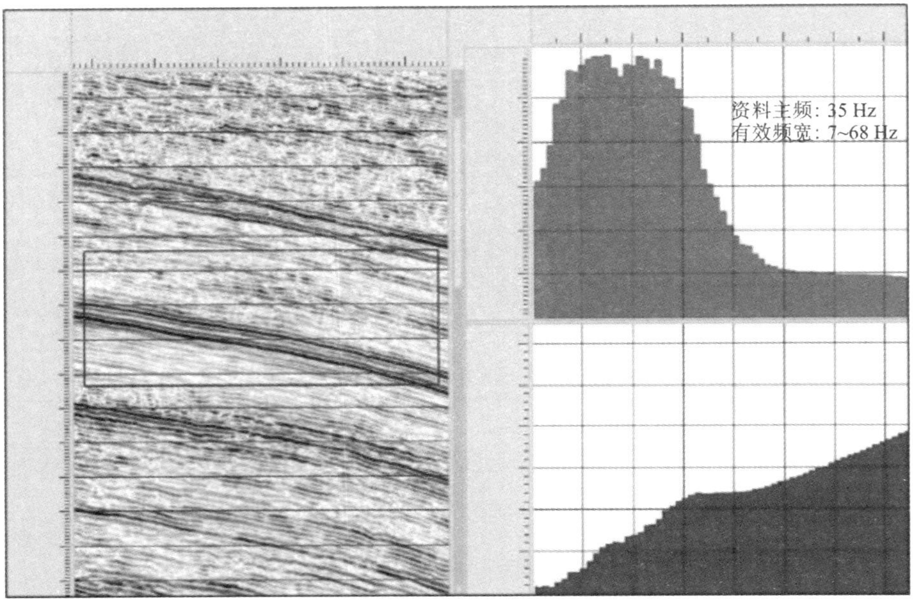

(b)玛湖1三维频谱分析

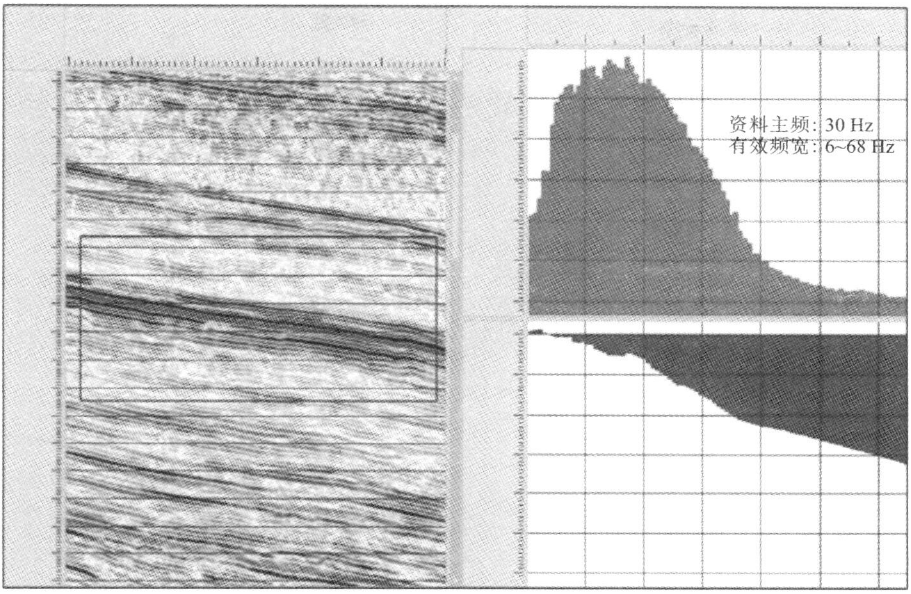

(c)玛10三维频谱分析

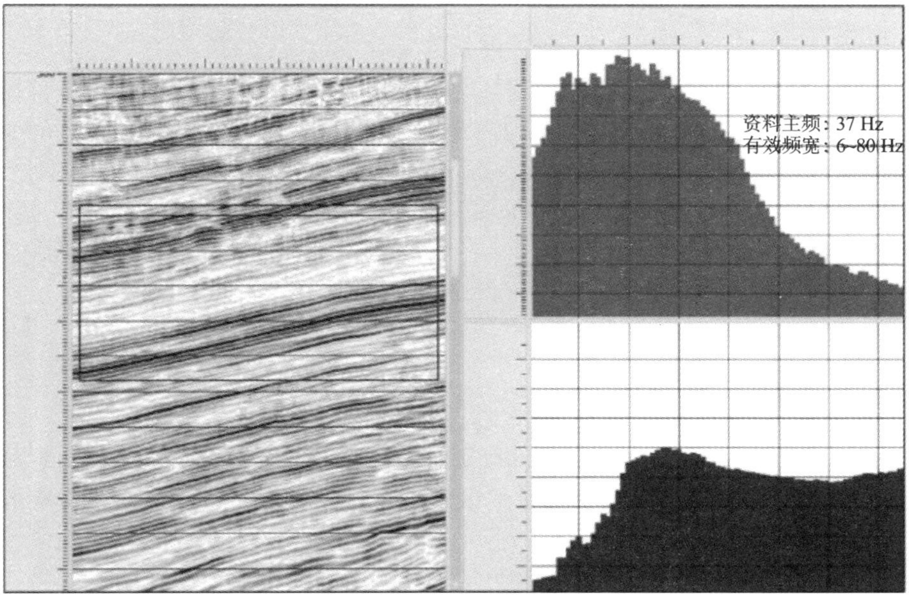

(d)中拐581三维频谱分析

图1-5 研究区三维频谱分析(彩图见附录)

研究区覆盖有多块三维地震资料，充分利用各类三维资料优势，开展针对性研究。1）利用多块三维开展区域层序格架搭建和构造特征研究，对研究区 K_1tg、J_2t、J_2x、J_1s_3、$J_1s_2^1$、$J_1s_2^2$、J_1s、J_1b_2、J_1b 精细构造解释；2）针对目标区应用玛湖 1 三维、玛 10 三维和二次开发 B 块三维精细落实大侏罗沟断裂和克 81 走滑断裂位置，精细刻画侏罗系小断裂空间展布特征，在此基础上落实深浅断裂搭配关系；3）运用二次开发 B 块三维和玛湖 1 三维针对目标区目的层段地震属性提取、储层反演、圈闭目标刻画。

1.2.2 合成记录制作及标定

准确的层位标定是连接地震、测井、地质的桥梁，是进行构造精细解释和储层预测等工作的基础。本次研究应用 Landmark 解释系统中的 Syntool 模块，在利用声波、密度、电阻率、自然伽马等测井曲线进行全区地层对比的基础上，分析各层顶底界面的声波特征，应用雷克子波制作各井的合成地震记录。

在选取雷克子波主频时，通过对井旁道主频进行频谱分析，选用最佳子波主频制作合成记录。由于研究区范围较广，纵向上目的层厚度差异大，通过地震资料频谱分析，不同井区目的层段主频分布在 25 ~ 35 Hz。首先选择钻遇地层较全、测井井段较长、测井资料可靠、井旁地震道品质好和尽量不过大断层的井进行层位标定。

通过玛湖 4 井区所有声波、密度曲线的井合成地震记录的制作，与过井剖面认真对比，精确标定出 3 个地震反射层为标志层，分别是：1）白垩系吐谷鲁组底的全区稳定发育的大套剥蚀面，在地震剖面上对应一强连续强波峰反射同相轴；2）侏罗系八道湾组顶部煤层段在地震剖面上对应一强连续强波峰反射同相轴；3）白碱滩组泥岩段在地震剖面上对应一强连续波谷反射同相轴。从最终标定结果分析，各井区的地质分层在地震剖面上具有很好的一致性，各层组的分层界限都分别标在对应的具有相似反射特征的同向轴上，横向一致性很好，地震反射层和地质层位具有较为精确的对应关系。

1.2.3 地震 – 地质层位对比

在本次研究工作中，在单井精细标定的基础上，将连井地层对比初步划分的地质层位加载到 Landmark 解释软件平台中，通过切取连井剖面的方式检查各井的地质层位是否都标定到同一层位上。在地质分层与地震分层出现不一致的情况时，首先检查地震解释有无问题，如果层位追踪过程中没有窜相位或断层错开的问题，那么就要详细地检查钻井地质分层的可靠性。通过调整地质分层或重新进行合成记录标定建立新的时深关系，最后使合成记录标定的层位都能追踪到同一反射界面上。这样既能保证地层对比结果具有等时性，又可以保证各井能够建立正确的时深关系，为其后的构造解释及速度场的建立打下坚实的基础。

1.2.4 断层解释

研究区主要发育四组断裂：(1)北东向克乌断裂控制构造格局，形成微幅鼻状构造，同时控制形成区域大型油藏带；(2)北东向正断裂控制形成断坡带，该带易形成构造岩性圈闭；(3)近东西向大侏罗沟走滑断裂控制油气纵向运移、易形成局部规模油藏；(4)北西向控制侏罗系八道湾组、三工河组油气展布。为了落实这些小断裂的分布规律及规模，准确解释断点位置、延伸长度及断裂平面组合。本项目主要是依据区域构造应力场作用，结合其深浅断裂发育状况，建立构造模式，再进行人工单线闭合解释；同时在解释过程中充分利用各软件的优势技术，在地震数据体和相干体上交互解释断层，做到地震数据体的主测线和联络测线在三维空间中一致性解释，从而准确、可靠地刻画断层的空间展布形态，一般地，断裂解释的方法有以下几种：

1)常规地震剖面解释

在大多数情况下，断层在地震剖面上反映清晰，反射层中的中断、错开现象非常明显，可以直接刻画出断面的轨迹。在地震数据体的断层解释中，借助解释系统的不同显示方式，主要依据下列特征解释断层：

a. 反射波同相轴错断，但两侧波组关系稳定，波组特征清楚(中小型断层的反映)；

b. 反射同相轴数目突然增减或消失，波组间隔突然变化(下降盘地层变厚，上升盘地层变薄甚至缺失，即深层大断裂的反映)；

c. 反射波同相轴形状突变，反射零乱或出现空白带；

d. 标准反射波同相轴发生分叉、合并、扭曲、相位转换现象(小断层的反映)；

e. 异常波的出现(如断面波，绕射波)；

f. 地震反射特征(频率、振幅)的突变。

2)瞬时相位解释

用瞬时相位技术解决断点粘合问题：在地震剖面上解释断层时，有时断点不清晰，断层两侧地层的连续性很好，并且两侧地层的产状也基本一致，看不出有明显断层存在，也就是通常所说的层断轴不断。但根据钻井分层标定结果以及断层组合的区域走向，相连两个层并不是同一地质层位，必然存在一条断层。但这种断层在常规剖面上很难解释，断点的位置很难准确确定，这时就要借助瞬时相位剖面。通过提取反射波另外一种属性，即相位属性可以比较直观地解释断层，因为不同的岩性组合有不同的反射相位角，就是利用这样一种特性，原来在振幅剖面上反映不清的信息可在瞬时相位剖面上显现出来。

3）切片解释

解释主断层时充分利用水平切片和面块切片，在水平时间或面块切片上，主要断层两侧的地层产状、倾角以及岩性会有较大的变化，它们的地震反射特征也会有明显的差别，因此可以根据同相轴的振幅、频率、连续性以及延伸方向等变化较好地识别出大断层，有助于构造解释。

4）相干体解释

形成相干数据体，了解断层展布规律：相干数据体是三维地震相干性的估计值，断层附近的地震道通常与相邻道有不同的地震属性特征，从而会出现局部道与道之间相干性的突变，在相干数据体切片上就能得到断层面附近有规律的低相干值，这些低相干值能真正反映出断裂的展布规律。因此，用相干数据体在解释之前可以了解工区内断层展布规律，在解释之后可检查断层的合理性。在相干体切片中，依据下列特征解释断层：

a. 相干性较差的特征条带状分布，往往发育断层；

b. 相干性好、坏突变的边界线。

5）倾角检测

反射层倾角检测是沿反射层计算出每个网格点的时间倾角，其过程实际上是一种对时间图表面的微分。每一跟踪点的时间都认为是与在正交方向上的两个相邻点有关，由这三个点限定的最终时间平面确定了一个具有大小和方向的倾斜矢量。通过对时间表面上各个点计算得出这些参数，并以彩图显示出来，即可得到倾角图。在倾角图上，倾角大的数据条带对应着断层的走向。如果倾角大的数据条带与解释的位置不符，则应检查该反射层的断层解释，不断反复，直至二者吻合为止。

6）断棱检测

断棱边缘检测相当于剩余时差，即反射层位的数据进行平滑滤波前后的差值。在反射层位处，这种差值比较小，而在断棱处，这种差值比较大。

以上六种方法均为常用解释断层的方法，但常规地震剖面解释、瞬时相位、倾角检测、断棱边缘检测对于断层的识别过于依赖追踪的层位，不能从客观上检测断层是否存在，因此本次解释多依据时间切片和沿层相干来确定断裂（图 1－6 ～图 1－9）。

整体上看（图 1－10，表 1－3）研究区主要发育四组断裂：（1）北东向克乌断裂控制构造格局，形成微幅鼻状构造，同时控制形成区域大型油藏带；（2）北东向正断裂控制侏罗系早期断坡带的形成，该带易形成构造岩性圈闭；（3）近东西向大侏罗沟走滑断裂、克 81 走滑断裂控制油气纵向运移，横向上将南北地层平移错断，易形成局部规模油藏；（4）北西向断裂分割砂体，控制侏罗系八道湾组、三工河组油气展布。

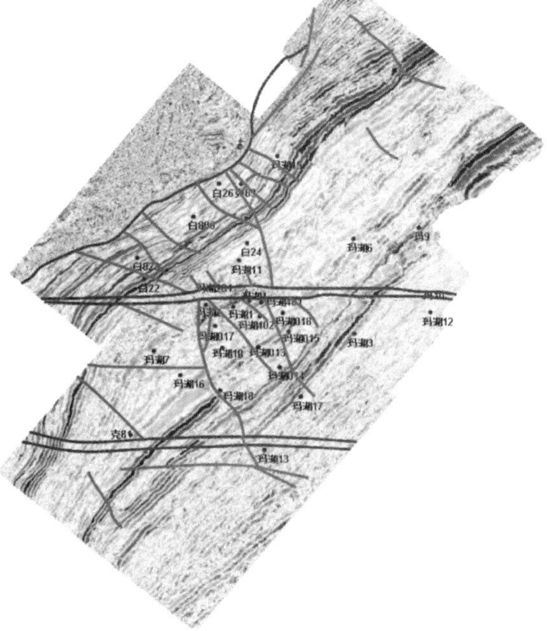

图 1 – 6　玛湖凹陷斜坡区侏罗系 Time 1754 ms 时间切片

图 1 – 7　玛湖凹陷斜坡区侏罗系沿八道湾组煤层相干属性平面图

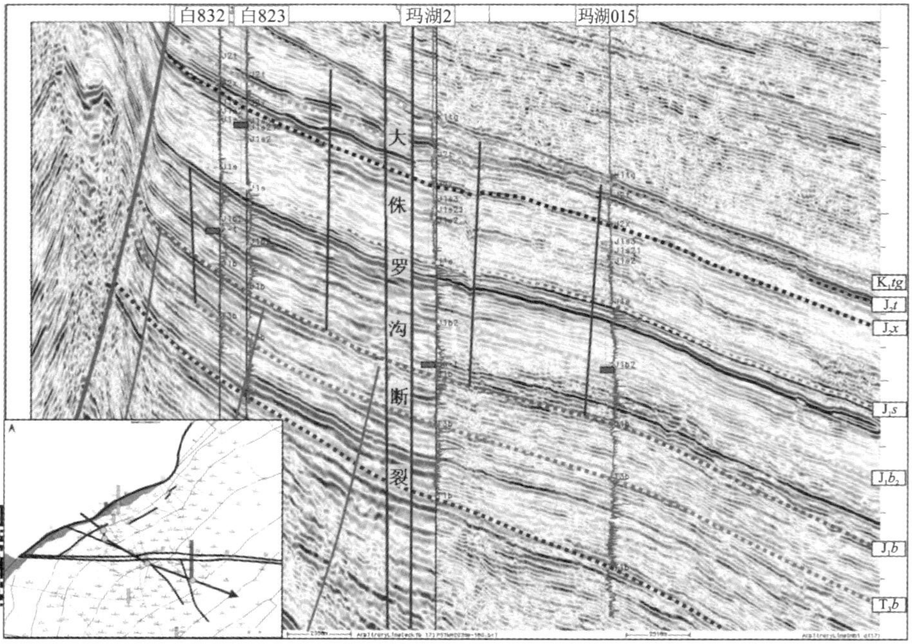

图 1 – 8　过白 832 – 白 823 – 玛湖 2 – 玛湖 015 连井地震地质解释剖面

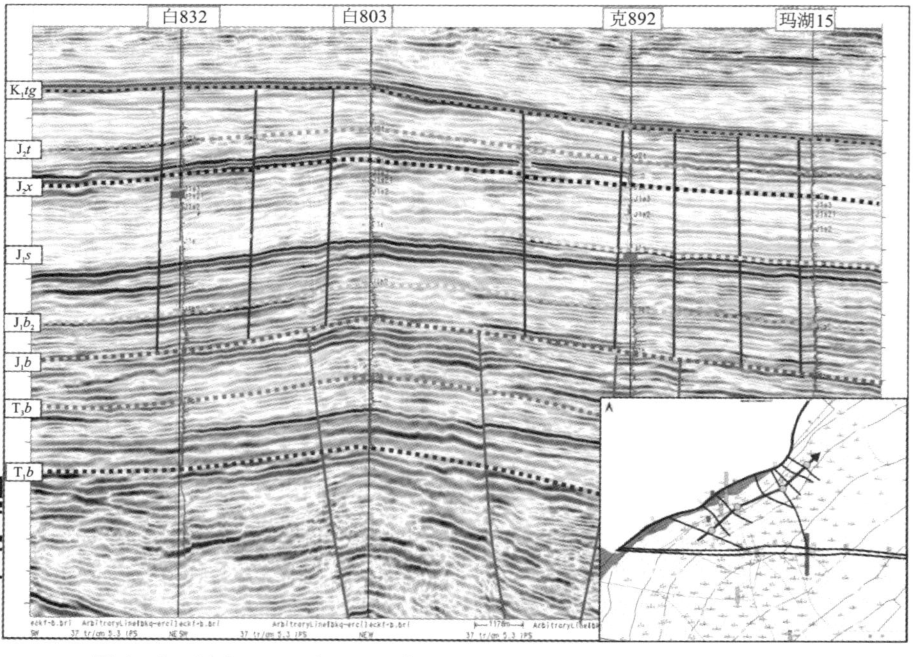

图 1 – 9　过白 832 – 白 803 – 克 892 – 玛湖 15 连井地震地质解释剖面

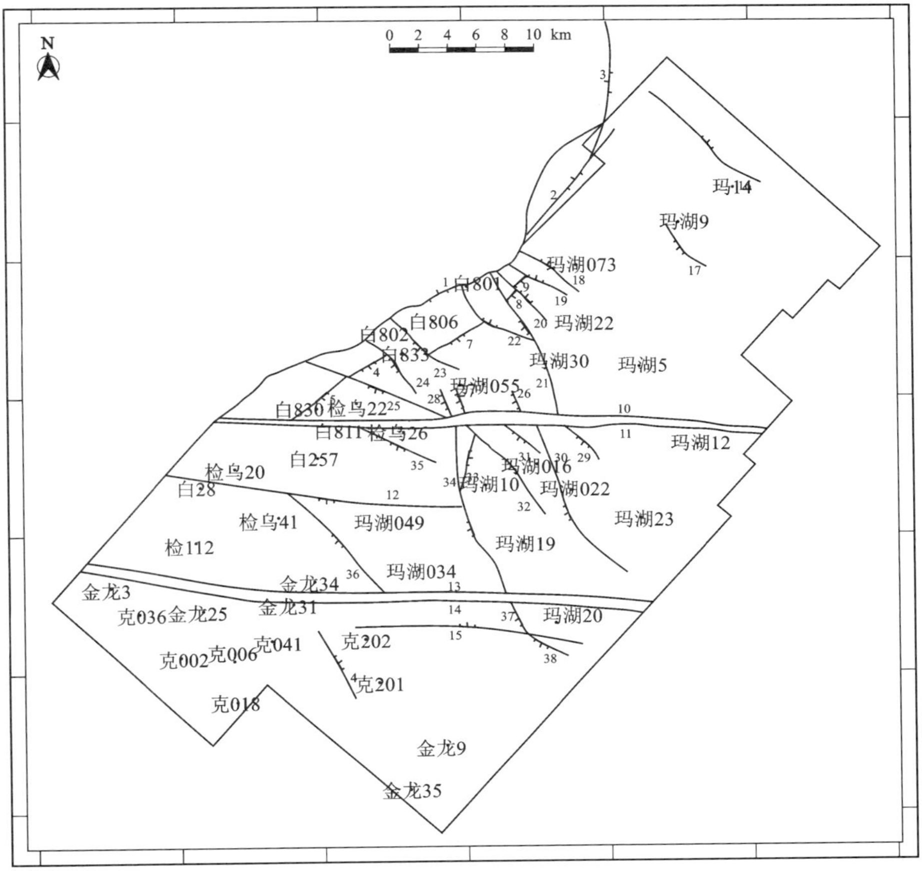

图 1-10 玛湖凹陷斜坡区断裂平面图

表 1-3 克拉玛依油田五八区断裂要素统计表

编号	发育层位	断层性质	断层走向	断层倾向	垂直断距/m	延伸长度/km
1	石炭系－侏罗系	逆断层	NE—SW	NW	30～100	41.5
2	石炭系－侏罗系	逆断层	NE—SW	NW	30～80	11.6
3	石炭系－侏罗系	逆断层	NE—SW	NW	30～80	>10.8
4	三叠系－侏罗系	正断层	NW—SE	NE	5～20	6.17
5	三叠系－侏罗系	正断层	NE—SW	SE	5～20	5.17
6	三叠系－侏罗系	正断层	NE—SW	SE	5～20	3.51

续表 1－3

编号	发育层位	断层性质	断层走向	断层倾向	垂直断距/m	延伸长度/km
7	三叠系－侏罗系	正断层	NE—SW	SE	5～20	4.86
8	三叠系－侏罗系	正断层	NE—SW	SE	5～20	1.12
9	三叠系－侏罗系	正断层	NE—SW	SE	5～20	1.32
10	二叠系－白垩系	走滑断层	WE	S	5～30	>38.91
11	二叠系－白垩系	走滑断层	WE	S	5～30	>38.54
12	三叠系－侏罗系	正断层	WE	S	5～20	20.54
13	二叠系－白垩系	走滑断层	WE	S	5～25	>40
14	二叠系－白垩系	走滑断层	WE	S	5～25	>40
15	二叠系－侏罗系	正断层	WE	N	5～15	15.96
16	二叠系－侏罗系	正断层	NW—SE	NE	5～25	11.4
17	三叠系－侏罗系	正断层	NW—SE	SW	5～20	4.73
18	三叠系－侏罗系	正断层	NW—SE	NE	5～15	5.71
19	三叠系－侏罗系	正断层	NW—SE	NE	5～25	5.22
20	三叠系－侏罗系	正断层	NW—SE	NE	5～25	5.37
21	三叠系－侏罗系	正断层	NW—SE	SW	5～30	12.71
22	三叠系－侏罗系	正断层	NW—SE	NE	5～20	7.69
23	三叠系－侏罗系	正断层	NW—SE	SW	5～20	7.05
24	三叠系－侏罗系	正断层	NW—SE	SW	5～25	6.16
25	三叠系－侏罗系	正断层	NW—SE	SW	5～20	11.54
26	三叠系－侏罗系	正断层	NW—SE	SW	5～15	1.76
27	三叠系－侏罗系	正断层	NW—SE	SW	5～15	1.67
28	三叠系－侏罗系	正断层	NW—SE	SW	5～15	2.22
29	三叠系－侏罗系	正断层	NW—SE	SW	5～20	3.9
30	三叠系－侏罗系	正断层	NW—SE	SW	5～20	10.96
31	三叠系－侏罗系	正断层	NW—SE	SW	5～15	3.38
32	三叠系－侏罗系	正断层	NW—SE	SW	5～30	9.71
33	三叠系－侏罗系	正断层	NE—SW	SE	5～15	4.92
34	三叠系－侏罗系	正断层	NW—SE	SW	5～30	13.79

续表 1-3

编号	发育层位	断层性质	断层走向	断层倾向	垂直断距/m	延伸长度/km
35	三叠系-侏罗系	正断层	NW—SE	SW	5~20	6.45
36	三叠系-侏罗系	正断层	NW—SE	SW	5~15	11.06
37	三叠系-侏罗系	正断层	NW—SE	SW	5~30	2.45
38	三叠系-侏罗系	正断层	NW—SE	SW	5~30	3.55

1.2.5 构造成图

1)层位控制模型迭代法的基本思路是：采用已对比解释的T_0层位作为模型来计算层速度，对得到的层速度进行滤波处理，剔除层速度异常，同时进行约束处理，然后在每套大层内再进行小层化处理，用滤波处理后的小层速度作为建模速度参数，经模型最终迭代得到最终三维速度场，最后用已解释的T_0层位提取沿层的平均速度。一般情况下沿层提取的平均速度与井经标定后反算的井点平均速度有一定误差，需要进行井点校正，将校正后的平均速度直接应用T_0图到构造图的转换，得到构造图，检查构造图的深度与钻井之间的误差，一般情况误差小于1%，根据精度要求，可直接进行井点校正。其具体工作流程如下(见图1-11)。

2)构造成图的关键步骤

合成地震记录的制作，井震精确标定：精细标定是开始地震解释工作的首要环节，前面已详细讲述，本节不再重复。

利用合成地震记录标定建立初始速度场：井震标定得到井点处的时深关系，以各井为点，应用反距离加权、克里金算法或三角内插法进行速度的内插外推，该方法所建的速度场其优点是井点处或井点附近速度相对较准。

伪速度场的建立：利用地震解释的3层时间层位(K_1tg、J_1s、J_1b)及研究区多口井的钻井分层建立伪速度场、时间层位约束井点或网格点间速度的内插与外推趋势，考虑了构造变化造成的岩性、速度的变化，使建立的速度场变化规律更符合客观情况，钻井地质分层可检查、校正井点处井震标定或层位解释的误差，赋予时间层位在井点处的深度值，在井点处建立时深关系。

速度场的建立：利用初始速度场、伪速度场综合建立速度场，克服了单一方法的局限性及缺点。初始速度场在井点、网格点处精度较高，伪速度场考虑了构造变化造成的速度变化，使井间或网格点间速度沿构造方向内插外推，两种速度场优势互补，有效地提高了速度场的精度。

平均速度检查：用T_0图提取平均速度应该是下大上小，井校后的平均速度也应是下大上小。在构造高部位，反射层之间相距近，有的层间隔仅10~20 ms，平

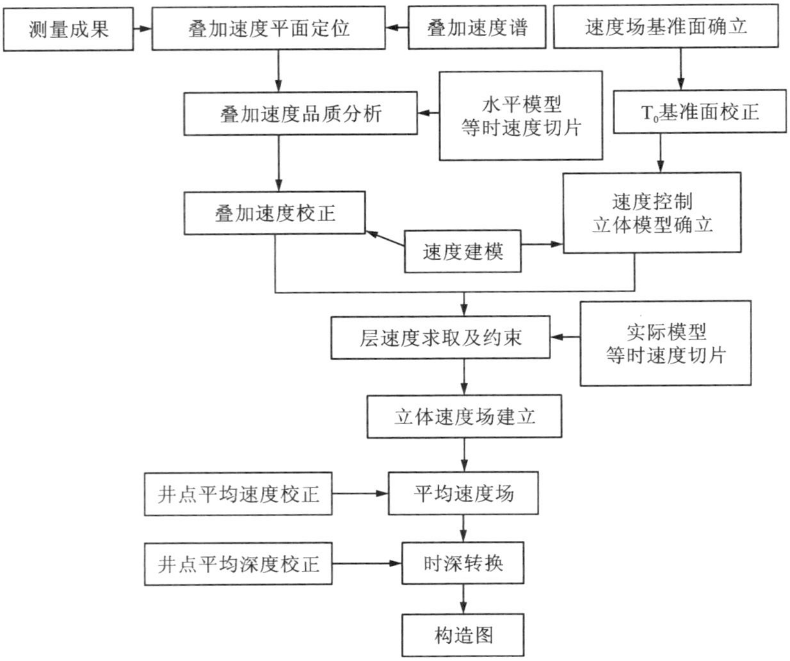

图 1－11　速度建场及变速成图流程图

均速度的差异更小，网格化和平滑后能出现下小上大的现象，因此下面层的平均速度值减上面层的平均速度值，出现负数时要修改至合理。

平均速度校正：用 T_0 图提取平均速度与井经标定后反算的井点的平均速度有一定误差，需要进行井点校正，校正的方法是：首先统计各井点的误差，然后进行误差分析，将全区误差网格化并完成趋势面平面图，用误差趋势面平面图对平均速度进行校正，此时校正后的平均速度与井点的误差已经较小，为进一步降低对于井的误差，一般情况我们再进行井点校正。

3）成图精度分析

构造成图的精度取决于剖面质量、解释精度、时间构造精度、速度求取及合理的成图方法。在成图过程中，我们选择了适合本区地质情况的速度资料和成图方法，求取了精度较高的平均速度场，保证了构造图的精度，经与区内钻井分层对比统计分析，成图精度较高。

1.2.6　构造解释成果

通过井震结合精细层位标定、断层平面组合、剖面解释和构造解释成图等地震解释方法，完成了中拐581三维、二次开发B块三维、玛10三维和玛湖1三维主要目的侏罗系八道湾组一段顶界、侏罗系三工河组二段顶界精细构造成图及局部目标图成图(图1－12)。

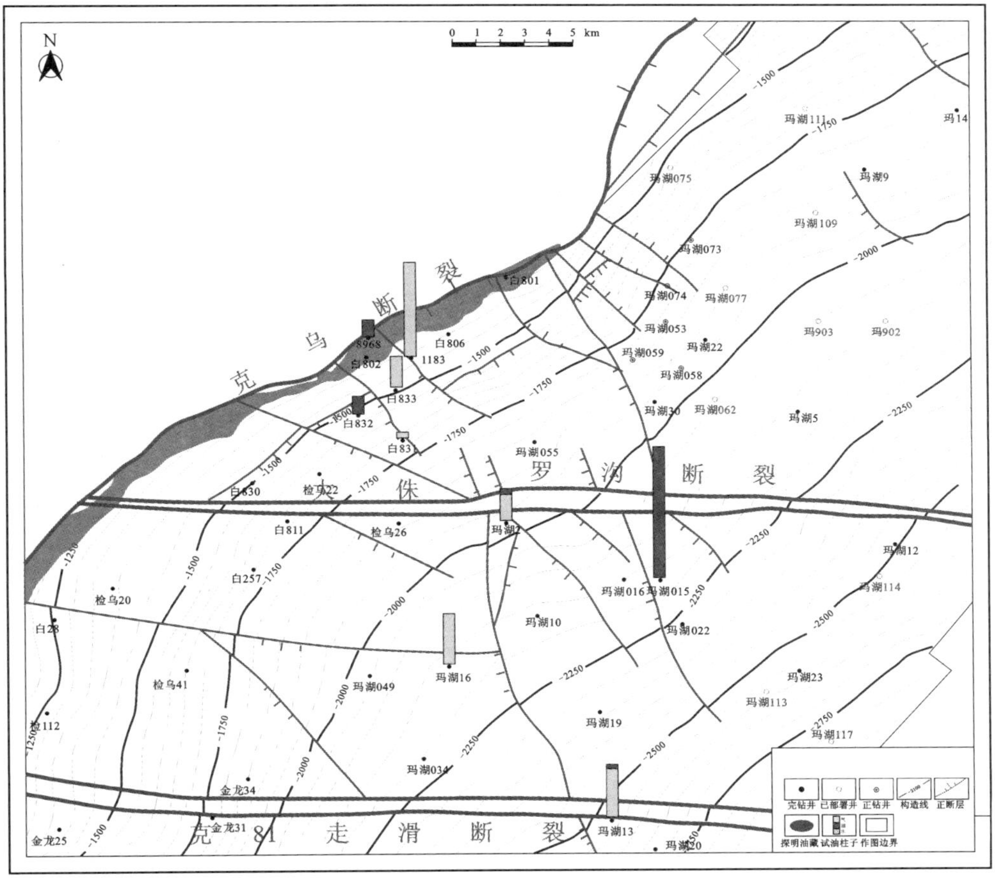

图1－12 八道湾组顶面构造图

整体上看，白823井区侏罗系构造形态整体表现轴部为北西南东向的继承性鼻状构造，具有北西高南东低的特点，工区发育近东西走向的大侏罗沟断裂，沿着大侏罗沟断裂带分支断裂比较发育，其中南部的分支断裂规模相对大。

1.2.7 构造演化分析

通过对研究区区域构造演化分析，克乌断裂主要形成于海西期，侏罗系沉积前克乌断裂及其伴生断裂持续活动，整体控制研究区鼻状构造背景形成。

早侏罗世，克乌断裂持续活动，同时伴随拉张应力影响，克乌断裂下盘产生一组正断裂，控制白832－玛湖15井区形成断坡条带。

晚侏罗世，发育多组类似大侏罗沟走滑断裂，纵向上错断了二叠系至白垩系地层，延伸距离远，纵向断距小，水平断距大，其中大侏罗沟段横穿玛湖凹陷，同时产生大侏罗沟断裂伴生小断裂，对局部砂体起到分割作用(见图1－13)。

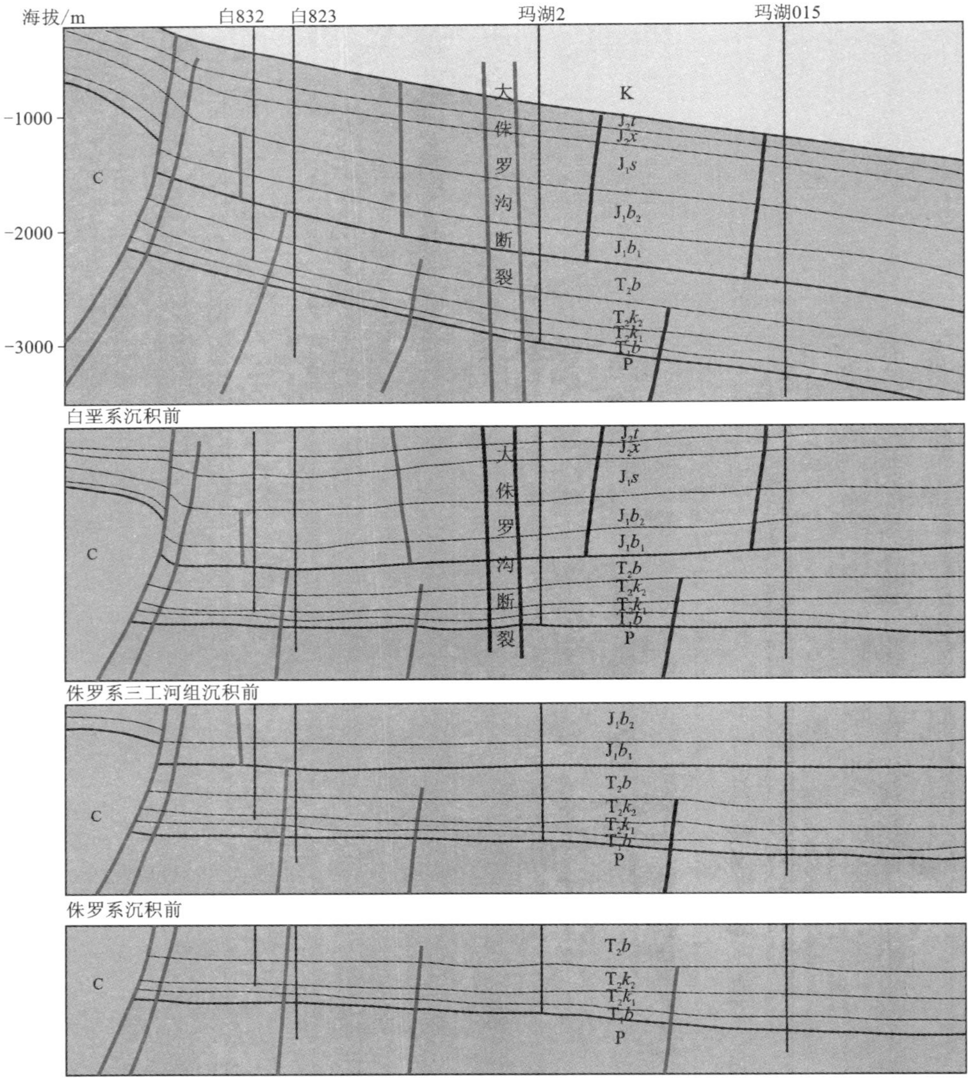

图1－13　准噶尔盆地西北部二叠系－侏罗系构造演化特征(彩图见附录)

2 八道湾组层序地层学分析

2.1 层序地层学研究进展

层序地层学分析是储层对比的主要依据，借助层序地层学连井对比可以确保砂体等时对比，因此层序地层学研究是油气勘探和开发的基础性研究。层序地层学研究首先应根据地震资料、测井资料、岩芯资料以及地球化学资料确定层序边界。在层序边界确定的基础上，根据准层序或准层序组叠置样式识别初始湖泛面、最大湖泛面等，并最终划分出目的层段的三级层序。层序地层学在油气勘探领域应用广泛，是一种沉积学分析的有效方法。

层序地层学是在侵蚀面、不整合面等概念的基础上发展起来的。Hutton 在 1788 年曾提出不整合面的概念，认为不整合面是划分沉积旋回的关键物理界面。Lyell 和 Agassiz 在 19 世纪 60 年代认为构造活动对海平面具有一定的控制作用。Sloss 在 1963 年将北美克拉通前寒武系至第四系全新统划分出 6 大型层序。Sloss 认为层序有别于地层单元中的群和超群，是比群和超群更高级别的地层单位，但该划分方法并不适用北美以外地区的地层学研究。虽然 Sloss 的层序划分方案存在一定的局限性，但是他的层序理论和研究方法被 Vail 和 Wheeler 等人接受。

地球物理资料的丰富和计算机技术的快速发展使层序地层学的研究日趋成熟和完善。20 世纪 80 年代，Vail 等人在对地震资料分析过程中发现了大量的有规律的反射特征，并结合钻井资料，应用层序地层学的理论提出了地震地层学。地震地层学是层序地层学的一大进步，是首次把层序地层学理论应用到实际的油气地质中，并得到了较好的验证。地震地层学的核心理论体现在把侵蚀不整合面作为层序边界面，并依据海平面变化作为分析地层沉积结构的重要依据。Vail 等人认为海平面变化是层序地层学的主要控制因素，并编制了全球海平面变化曲线。

虽然 Vail 等人完善了层序地层学理论，但是并没有对层序内部的构成做明确说明。20 世纪 90 年代，随着层序地层学在全球的迅速推广，层序地层学的研究进入快速发展期，层序地层学的应用也日趋广泛。1988 年和 1989 年 Wilgus、Sangree、Vail 分别发表了《海平面变化综合分析》和《应用层序地层学》，不但使层序地层学由定性描述发展到定量模拟和分析，而且把层序地层学的理论由海相拓展到陆相。Vail 等人 1991 年发表了《层序旋回和事件》论文，认为层序地层学的控制因素包括构造运动、海平面变化、物源供应程度以及气候特征。这些层序地层学的因素全面概括了层序发育过程中的各种必要条件，也为层序地层学的分析提供了新的思路。

随着层序地层学发展的全球化，有关层序地层学理论也出现了不同的学派，其中以高分辨率层序地层学和成因层序地层学为代表。Cross 依据地质和地球物理资料提出了高分辨率层序地层学，Gallowa 等人提出了成因层序地层学。实际上，层序地层学在油气勘探实践中得到了广泛应用，应用领域包括盆地模拟、油藏数值模拟甚至油气藏开发等方面。因此，在 20 世纪 90 年代层序地层学无论在理论方面还是在实践方面均成为地质领域研究的热点和焦点。

早在 20 世纪 90 年代我国就已经引入层序地层学理论，并首先应用在油气勘探方面。钱凯和魏家庸等人相继翻译了《层序地层学应用》和《海平面变化综合分析》等，为我国层序地层学的发展起到了引导作用。此后，我国学者如徐怀大、刘宝珺和李思田等人在我国层序地层学研究方面做出了许多开拓性的工作，把层序地层学理论和实践在中国大地上发扬光大。徐怀大等人在 1992 年率先针对我国各大盆地开展了层序地层学的研究工作，并编制了我国海平面变化曲线，总结了我国层序地层发育规律，为我国层序地层学研究奠定了基础。随后，层序地层学理论在我国迅速发展，形成了具有我国特色的陆相层序地层学理论，并成功进行了油气田的勘探工作。

虽然层序地层学已经得到了充分的发展，但是其理论仍然存在如下问题：

(1)传统的层序地层学在陆相中的应用仍然面临挑战，Vail 层序地层学理论强调海平面在层序地层学中的作用，由于海平面分布广阔，只有大规模的构造活动和气候变化才能使海平面发生升降。但是陆相盆地由于其规模较小，湖平面升降变化受多重因素的影响，且变化剧烈，因此，Vail 层序地层学理论在陆相的应用具有一定的局限性。但这并不是说 Vail 层序地层学理论不能应用到陆相环境，在应用过程中必须充分考虑到原型盆地类型、结构、物源、湖平面变化、构造活动以及气候变化等。成因层序地层学与 Vail 层序地层学理论的区别是其以最大海泛面作为层序的边界，因此海平面在成因层序地层学格架内就形成了先降后升，沉积物的粒度也形成由细到粗再到细的格局。最大湖泛面无论在野外露头还是在测井和钻井资料中均易于识别，因此，相对于 Vail 层序地层学理论成因层序地层学更适用于陆相。但是成因层序地层学中最大湖泛面在盆地边缘易于形成海退侵蚀面，与暴露侵蚀面难以区别，因此，成因层序地层学在陆相的应用也存在一定的局限性。无论是 Vail 层序地层学理论还是成因层序地层学均面临基准面控制因素不明确的问题，尤其是在滨岸线至物源区范围内基准面的定义并不明确。在物源区至滨岸线，基准面受到岩性、湖平面升降、气候、古地貌、生物作用等的影响，但是如何分析和量化这些影响因素是非常困难的。虽然 Cross 等人提出高分辨率层序地层学的概念试图解决层序地层学在陆相应用问题，但是基准面变化规律的控制因素仍然需要深入研究。

(2) Ⅱ型层序模式是否适用陆相层序地层学

Ⅱ型层序常发育在被动大陆边缘的海相地层中，层序边界以不发育明显的侵蚀下切和河流回春为特征。对于陆相地层是否发育Ⅱ型层序一直以来存在争议，有学者认为陆相不发育大型的坡折带，而海相中较发育，因此，陆相地层缺少Ⅱ型层序；另外有学者认为虽然陆相缺少海相大型坡折带，但是由于陆相中构造活动发育，因此常发育构造坡折带和沉积坡折带，如准噶尔侏罗纪坳陷型盆地识别出Ⅱ型层序边界划分出Ⅱ型层序。因此，Ⅱ型层序在陆相中的发育规律仍需进一步研究。

(3) 体系域的研究仍需深入

体系域是“一套有成因和年代联系的同期沉积体系的组合，每一体系域由在边界面之上的地层几何体与层序内的位置和内部低级层序的叠置型式而客观确定”。体系域是层序地层学格架研究中的重要内容。但是，关于体系域的划分方案一直存在多解性和争议，如部分地质学者借鉴国外层序地层学的划分方案，把我国陆相层序地层学体系域划分为 3 种：低位体系域、湖侵体系域和高位体系域等；有些地质学者把陆相层序划分为低位体系域、湖侵体系域、高位体系域和下降体系域；又有些地质学者把陆相层序划分为低位体系域、湖侵体系域、高位体系域和收缩体系域等。由于陆相层序地层学受到多种因素的控制作用，所以与海相层序地层学相比较，其具有复杂性和多解性，因此造成体系域划分方案具有不确定性。

2.2 八道湾组层序边界识别

目前识别层序界面较为常用的方法包括地震层序界面识别、测井层序界面识别以及岩芯层序界面识别。地震层序界面识别主要依据地震剖面中同相轴终止现象识别层序界面。总体来看，地震剖面中的削蚀(削截)、上超和顶超等同相轴终止现象均为层序边界的识别依据；而下超则作为最大湖泛面的识别标准。

2.2.1 地震层序边界识别

八区覆盖有连片三维地震资料，为地震层序界面识别提供了研究基础。首先对地震资料进行层位标定，在标定的基础上分析各地震剖面中地震反射特征。通过地震资料分析，研究区可以识别出 2 个典型的层序边界，分别命名为 B1 和 B2 界面。B1 界面位于八道湾组底部，地震资料中可见清晰的削蚀和上超(图 2－1)。B2 层序界面位于八道湾组八 4 砂层组的底部，在地震剖面中也表现为削蚀和上超(图 2 -2)。

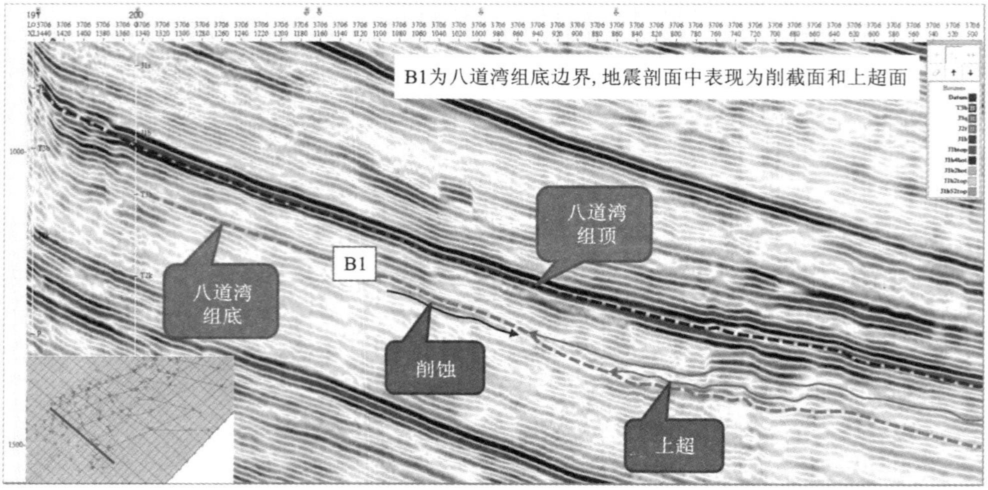

图 2 -1　八道湾组底部 B1 层序界面特征(界面表现为削蚀和上超)(彩图见附录)

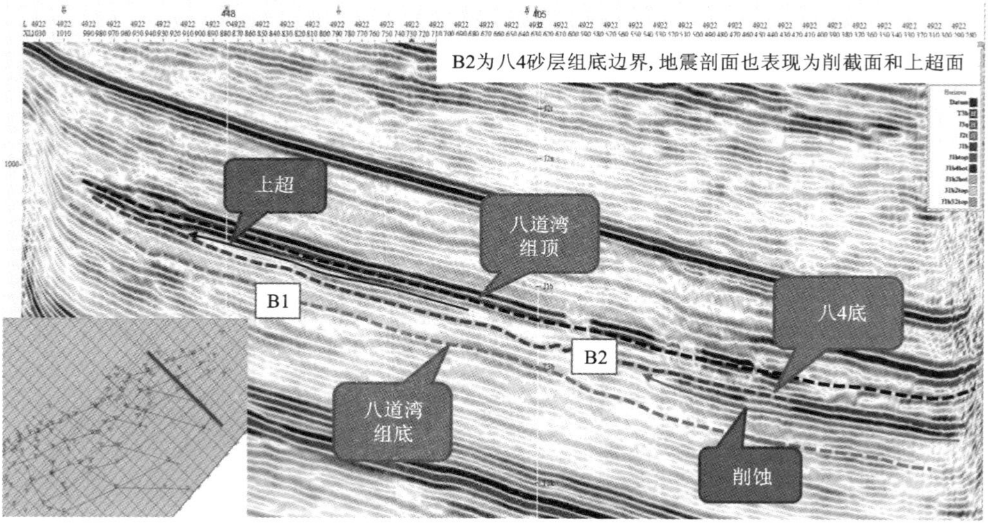

图 2 -2　八道湾组底部 B2 层序界面特征(界面表现为削蚀和上超)(彩图见附录)

2.2.2　测井层序界面识别

依据测井资料识别层序边界的方法较为复杂。该方法主要依据以下三点：①依据测井曲线异常幅度的变化可以识别层序界面，如自然电位曲线(SP 曲线)

由基线突变为幅度较大的正异常，而录井资料中岩性则表现为由泥岩或粉砂质泥岩向上突变为粗粒砂砾岩。②根据沉积相变化识别层序界面，界面上、下沉积相发生突变是识别层序界面的重要依据。如根据测井资料可以判断界面之下为半深湖 - 深湖相泥页岩，而界面之上为河流相或三角洲平原相，界面上、下存在沉积相的缺失和相突变，因此，可以判断该界面为层序界面。③根据准层序或准层序组叠置形式的变化可以识别层序边界。层序界面常表现为由进积准层序组变为退积准层序组。

根据地震资料识别出的 B1 和 B2 层序界面在测井资料中同样表现为典型的层序界面特征。B1 层序界面在测井资料中表现为自然电位、电阻率和声波时差等测井曲线的突变。界面之下为自然电位的基准值，并表现为低电阻和高声波时差，界面之上自然电位突然变为正异常，而电阻率突然变高，声波时差突然降低。另外，界面上、下沉积相类型也发生突变。界面之下为前三角洲 - 湖泊相炭质泥岩和粉砂质泥岩等，界面之上为扇三角洲平原或前缘含砾不等粒砂岩、中 - 粗砂岩和细砂岩等粗粒沉积。由 B1 界面之下的前三角洲向上突变为扇三角洲平原或前缘，界面上、下存在沉积相突变（图 2 - 3），因此判断为层序边界。

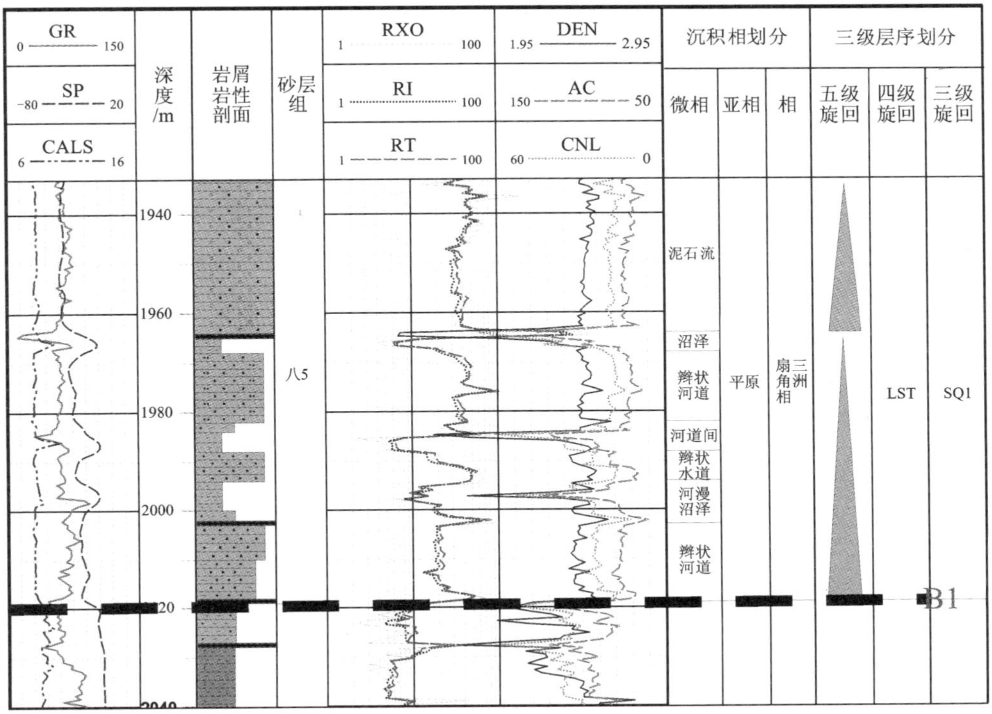

图 2 - 3　白 832 井八道湾组八 5 砂层组底部 B1 层序界面上下沉积特征

B2 界面位于八 4 底部，该层序界面同样表现为测井曲线和沉积相突变面。界面之下为自然电位基准值，并表现为低电阻和高声波时差，界面之上自然电位突然偏离基准值，并呈现正偏。电阻率也突然变大，声波时差值则突然变小。由测井资料表现出的沉积相类型在界面上下也表现为突变。界面之下为湖泊相灰色、深灰色泥岩沉积，而界面之上突变为辫状河流相沉积(图 2 -4)，因此，界面上、下存在沉积相突变，可以判断 B2 界面为层序界面。

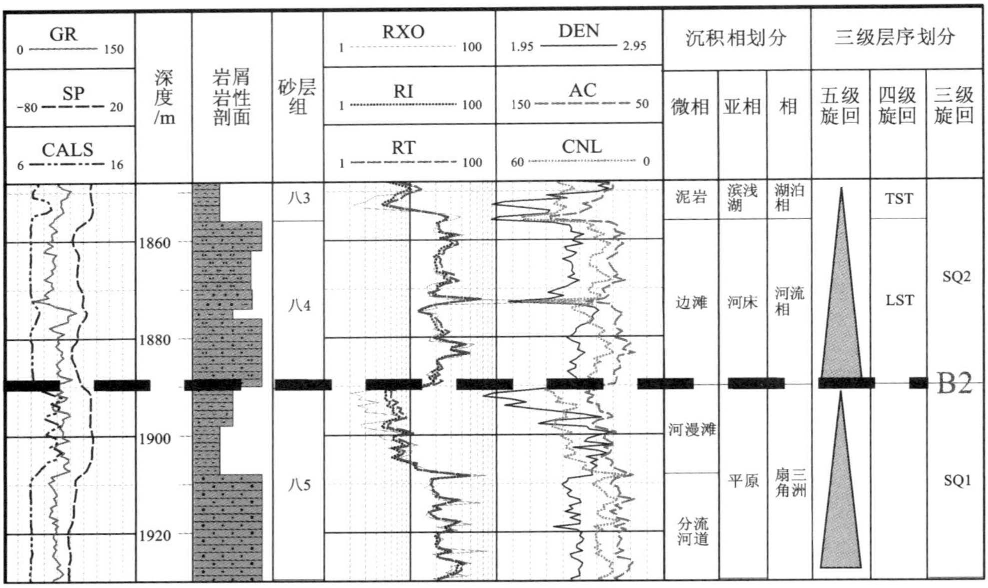

图 2 -4　白 832 井八道湾组 B2 层序界面的测井相应特征

2.3　三级层序划分

根据识别出的层序界面，八区八道湾组可划分出 2 个三级层序，自下而上分别命名为 SQ1 和 SQ2。SQ1 层序的底部层序边界为 B1，顶部层序边界为 B2，即 SQ1 包括八 5 砂层组所有地层；SQ2 层序的底部层序边界为 B2，顶部层序边界为八道湾组的顶界面，即 SQ2 层序包括了八 4 至八 1 砂层组的所有地层。

2.3.1　SQ1 层序内部结构

初始湖泛面是湖平面初次全面漫过冲积平原时的物理界面。研究区八 5 砂层组上部发育一套全区稳定分布的泥岩和粉砂质泥岩。通过岩性和沉积构造分析可知该套细粒沉积为湖泊相滨浅湖沉积，这表明八 5 砂层组扇三角洲相粗粒沉积之后全区广泛发生大规模的海侵作用。因此，可以把八 5 砂层组上部细粒沉积岩底部界面作为初始湖泛面。

由于八 5 砂层组沉积后的侵蚀作用，使部分湖侵体系域和高位体系域被侵蚀殆尽。因此，SQ1 层序全区缺失高位体系域。

根据以上分析可知，全区 SQ1 层序可识别出低位体系域和湖侵体系域。低位体系域分布在八 5 砂层组的下部和中部，即包括了八 5^2 和八 5^1 下部砾岩部分；湖侵体系域为八 5^1 砂层的上部泥岩和粉砂质泥岩部分(图 2 –5)。

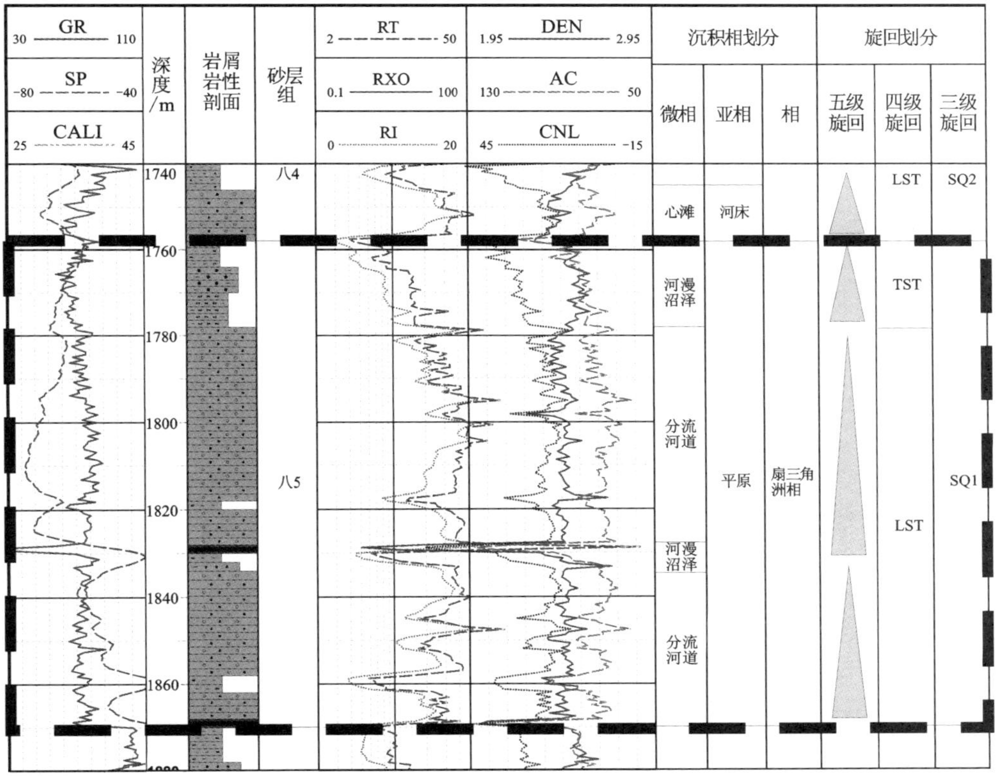

图 2 –5　白 806 井八道湾组 SQ1 层序划分方案

2.3.2　SQ2 层序内部结构

SQ2 层序包括了八 4 至八 1 砂层组的所有地层，其中，八 3 砂层组全区广泛发育泥岩和粉砂质泥岩等细粒沉积。根据岩性和测井曲线特征可以判断该细粒沉积为湖泊相滨浅湖沉积，是研究区湖平面全面上升期沉积的。据此，可以判断八4砂层组砂岩顶界面为初始湖泛面。八3砂层组测井曲线所反映的准层组叠置样式为退积式(图2-6)，表明其沉积期可容纳空间逐渐增大，湖平面不断上升。据此可以判定八3砂层组为湖侵体系域沉积，最大湖泛面位于八3砂层组的顶部。由八2至八1砂层组准层序组叠置样式呈进积式，表明可容纳空间逐渐减小，湖平面不断下降。据此可以判定八2至八1砂层组为高位体系域沉积(图2-7)。因此，SQ2层序发育一个完整的三级层序：八4砂层组为低位体系域沉积，八3砂层组为湖侵体系域沉积，而八2至八1砂层组为高位体系域沉积(图2-8)。低位体系域(八4砂层组)岩性以砂岩、砾质砂岩夹泥岩和粉砂质泥岩为主，由上下2个砂层组成。测井资料显示该体系域为2个加积准层组组成，表明在该体系域沉积期基准面缓慢下降，而物源供应较充分，因此，该体系域砂岩广泛分布。湖侵体系域(八3砂层组)以滨浅湖泥岩沉积为主，由低位体系域河流相向上变为湖泊相，表明基准面不断下降，可容纳空间逐渐增加，而物源远离研究区，因此，研究区以细粒沉积物为主。高位体系域(八2—八1砂层组)以砂岩、泥岩和煤层沉积为主。测井曲线显示该体系域以进积准层序组为主，表明基准面不断上升，可容纳空间逐渐减小，而该体系域物源距离研究区较近，因此，广泛发育辫状河三角洲砂岩、泥岩和煤层。总体来看，在高位体系域的初期水体深度仍然较大，因此以三角洲前缘为主(八2砂层组沉积期)，而高位体系域晚期湖退规模进一步扩大，因此，八1砂层组以三角洲平原沉积为主。

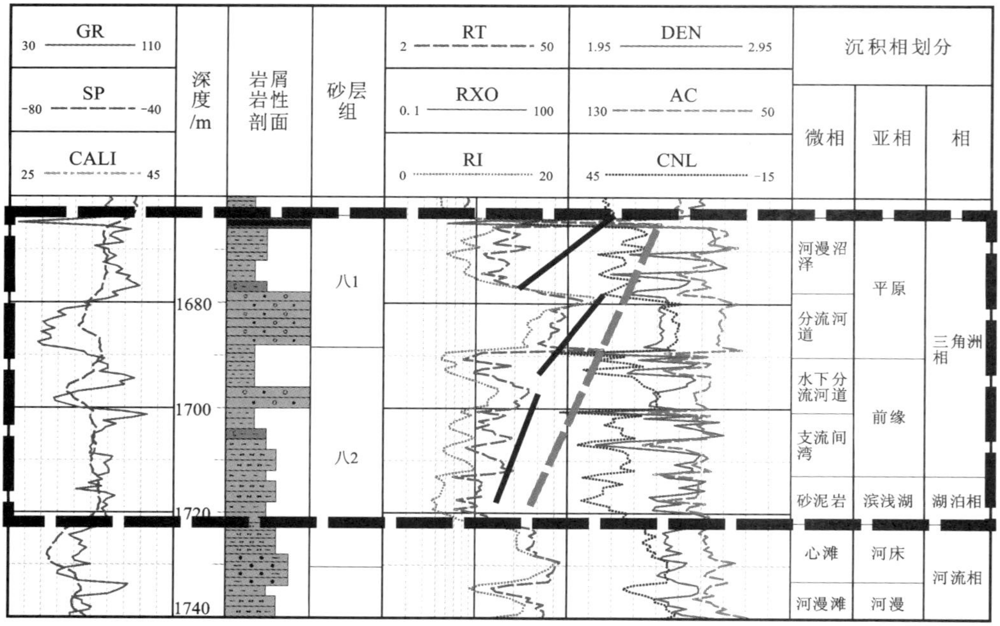

图2-6　白809井八道湾组SQ2层序湖侵体系域退积准层序组特征

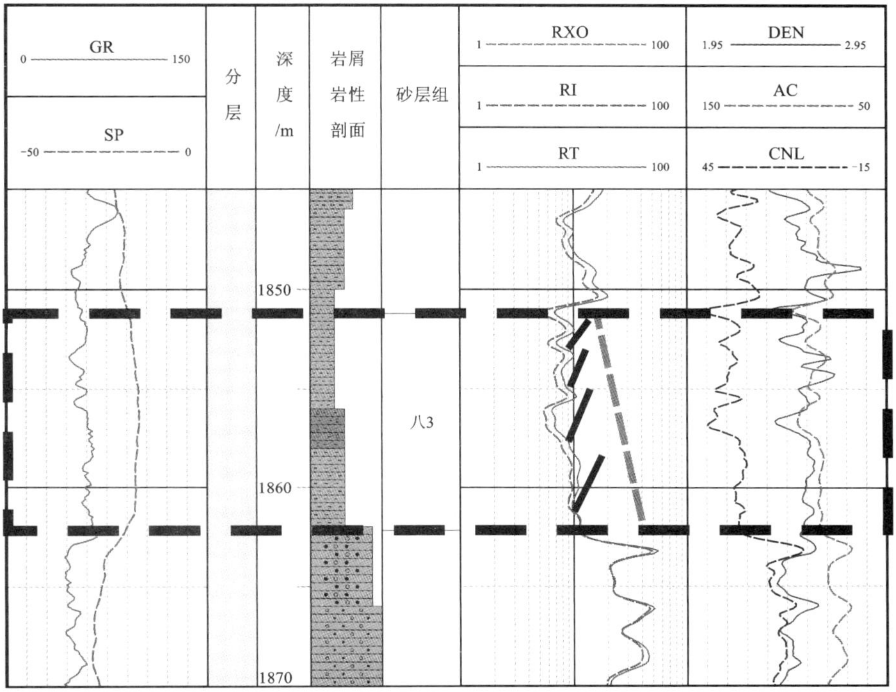

图 2-7 白 806 井八道湾组 SQ2 层序高位体系域中进积准层序特征

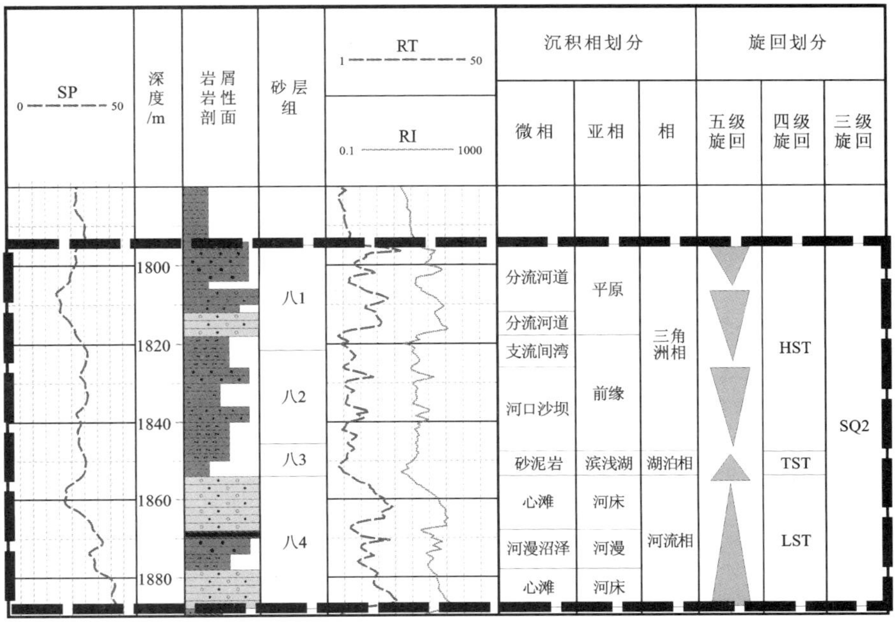

图 2-8 白 460 井八道湾组 SQ2 层序划分方案

2.4 层序连井对比

通过层序地层学连井对比，可以分析各层序体系域在平面上的发育程度和厚度展布。本次研究共涉及井位 209 口，共设计连井剖面 12 条，其中，平行物源方向剖面 7 条，由南西向北东向分别命名为 NW1、NW2、NW3、NW4、NW5、NW6 和 NW7；垂直物源方向剖面 5 条，由西北向东南分别命名为 NE1、NE2、NE3、NE4 和 NE5。

NW1 剖面：该剖面共包括 4 口井，由北向南东方向分别为检 69、457、204 和检乌 27 等井（图 2－9）。该剖面八 5^2 砂层（SQ1 低位体系域下部准层序组）由靠近物源的检 69 井至盆地沉积区的检乌 27 井，地层厚度逐渐增大，体现了八 5^2 砂层沉积期古地貌为西北高东南低的特征。八 5^1 砂层（SQ1 低位体系域上部准层序组和 SQ1 层序湖侵体系域）沉积期，剖面中所有井地层厚度变化较小，仅在 457 井中沉积厚度较大，表明在八 5^2 砂层填平补齐之后地层古地貌已经变得比较平坦。八 4 砂层组（SQ2 层序低位体系域）沉积期，位于东南部的检乌 27 井沉积厚度较大，因此，研究区古地貌仍然呈现西北高东南低的特点。八 3 砂层组（SQ2 层序湖侵体系域）厚度在剖面所有井中厚度变化较小，表明沉积期研究区古地貌平坦。八 2 砂层组（SQ2 层序高位体系域下部）沉积期，地层厚度在 457 井较大，其他井中厚度变化较小，沉积期古地貌较平坦。八 1 砂层组（SQ2 层序高位体系域上部）沉积期剖面中所有井厚度变化较小，表明古地貌平坦。总体来看，八 5 砂层组沉积期古地貌呈现为西北高东南低，随着八 5 砂层组填平补齐作用，研究区的古地貌变得平坦。实际上，八 5 砂层组沉积起到填平补齐的作用，八 4 至八 2 砂层组是准平原化的过程，至八 1 砂层组古地貌平坦，研究区广泛发育三角洲平原沼泽。

NW2 剖面：该剖面共包括 5 口井，由北向南东分别为 193、213、388、白 811 和检乌 4 等井。剖面中八 5^2 砂层（SQ1 低位体系域下部准层序组）厚度由靠近物源区的 193 井向盆地区的检乌 4 井逐渐增大，表明该剖面八 5^2 砂层沉积期八区仍然呈现西北高东南低的古地貌格局。八 5^1 砂层（SQ1 低位体系域上部准层序组和 SQ1 层序湖侵体系域）沉积期，剖面中所有井地层厚度变化较小，古地貌平坦。八 4 砂层组（SQ2 层序低位体系域）至八 3 砂层组沉积期，剖面中所有井地层厚度变化较小，表明古地貌较平坦。八 2 砂层组（SQ2 层序高位体系域下部）沉积期，该剖面中地层厚度在靠近物源区的 193 和 213 井中厚度较大，并向剖面东南部逐渐减薄。厚度变化表明 193～213 井沉积区应存在一局部洼地。八 1 砂层组（SQ2 层序高位体系域上部）沉积期，剖面中地层厚度仍然在 193～213 井沉积区厚度较大，因此，应为继承性的局部洼地。其他井中地层厚度变化较小，古地貌平坦。

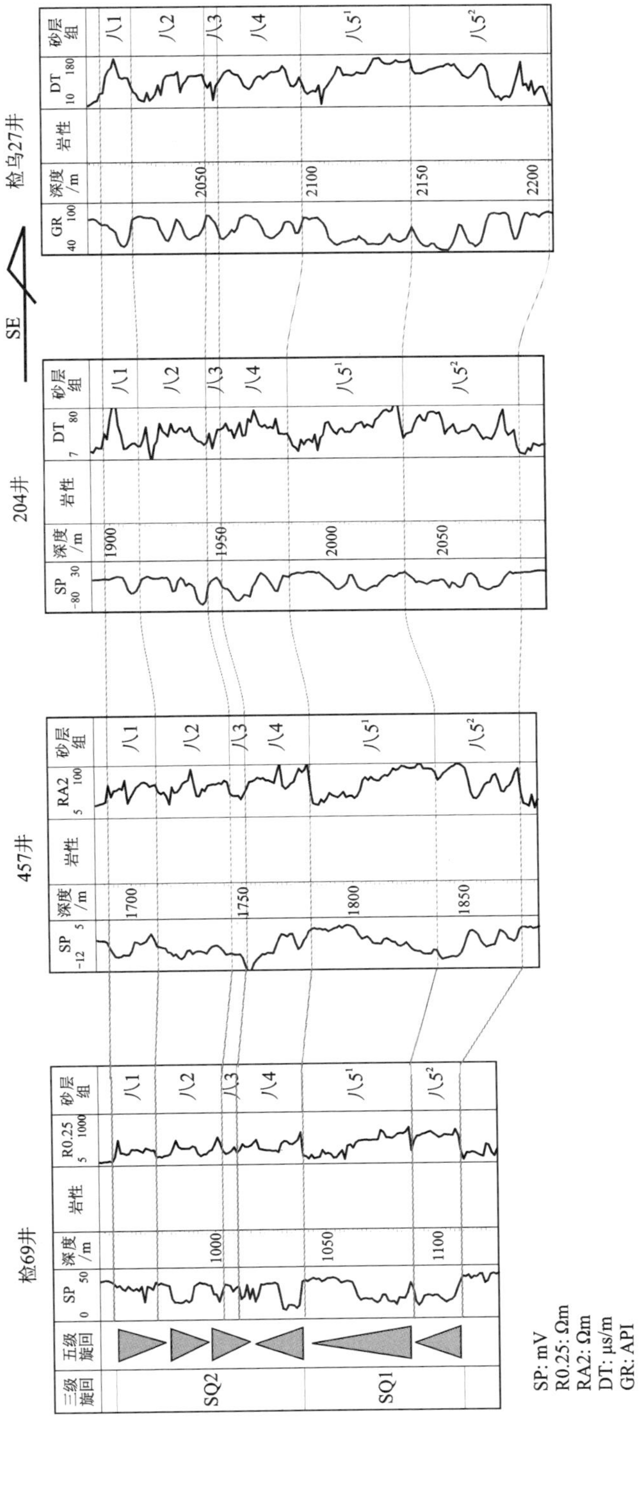

图2-9 八道湾组层序地层学连井对比(NW1)

NW3 剖面：该剖面共包括 5 口井，由北向南东分别为 152、检乌 3、检乌 30、检乌 26 和玛湖 1 等井。八 5^2 砂层厚度由靠近物源区的 152 井向盆地沉积区的玛湖 1 井逐渐增大，表明该砂层沉积古地貌呈现西北高东南低的特征。八 5^1 砂层沉积期地层厚度仍然呈现由西北向东南逐渐增加的趋势，表明该砂层沉积期古地貌仍然呈现由西北向东南逐渐变深的趋势。八 4 砂层组沉积期，靠近物源区的 152 – 检乌 3 井和盆地沉积区的检乌 26 – 玛湖 1 井厚度较大，而位于两者之间的检乌 30 厚度较小。厚度格局变化表明，由检乌 30 井向物源区方向发育局部洼地。八 3 砂层组厚度在剖面所有井中变化较小，表明经过前期填平补齐之后古地貌平坦。八 2 砂层组沉积期，由靠近物源区的 152 井至盆地区的玛湖 1 井厚度逐渐减小，表明在该剖面靠近物源区的区域存在局部洼陷，且八 2 砂层组沉积期物源供应充分，所以呈现由西北向东南方向厚度减薄的沉积格局。八 1 砂层组厚度除在检乌 26 井厚度较小外，其他井中变化较小，表明前期的填平补齐使古地貌变得平坦。

NW4 剖面：该剖面共包括 4 口井，由北向南东分别为检 56、白 832、白 831 和 241 等井。八 5^2 砂层厚度由靠近物源区的检 56 井向盆地沉积区的 241 井逐渐增大，表明该砂层沉积古地貌呈现西北高东南低的特征。八 5^1 砂层沉积期地层厚度仍然呈现出由检 56 井向 241 井逐渐增加的趋势，虽然这种厚度变化趋势变化较小，但是这种变化规律仍然能体现出该砂层沉积期古地貌由检乌 56 井向 241 井逐渐降低的趋势。八 4 砂层组沉积期，地层厚度由靠近物源区的检 56 井向盆地沉积区的 241 井逐渐增大。厚度变化规律表明八 4 沉积期呈现西北高东南低的古地貌格局，与八 5 砂层组一致。八 3 砂层组沉积期，剖面中所有井地层厚度变化较小，表明古地貌平坦，且物源供应不充分。八 2 砂层组沉积期，地层厚度在靠近物源区的检 56 – 白 832 井一线厚度较大，其他井中厚度变化较小。厚度变化规律表明靠近物源区发育局部洼地。八 1 砂层组沉积期，地层厚度由靠近物源区的检 56 井向盆地沉积区的 241 井逐渐增大。厚度变化规律表明八 1 沉积期古地貌格局呈现西北高东南低。

NW5 剖面：该剖面共包括 3 口井，由北向南东分别为 461、白 833 和 129 等井。由于该剖面中的 3 口井靠近物源区，且井间距较小，因此，各砂层组厚度在横向上变化较小。八 5^2 砂层厚度由 461 井向 129 井厚度逐渐增大，表明该砂层沉积古地貌呈现西北高东南低的特征。八 5^1 砂层沉积期地层厚度仍然呈现出由 461 井向 129 井逐渐增加的趋势，虽然这种厚度变化趋势变化较小，但是仍然能体现出该砂层沉积期古地貌呈现出西北高东南低的格局。八 4 砂层组沉积期，地层厚度呈现出由 461 井向 129 井逐渐增加的趋势，表明古地貌呈现西北高东南低的格局。八 3 砂层组沉积期，剖面中所有井的地层厚度变化较小，古地貌较平坦。八 2 砂层组沉积期，地层厚度变化较小，剖面一线沉积期古地貌较平坦。八 1 砂层组沉积期，地层厚度在461井较大，而在白833井较小，表明靠近物源区发育局部洼地。向盆地区地层厚度先变小再变大，表明在461井和129井之间存在一低凸起。

NW6剖面：该剖面共包括5口井，由北向南东分别为白808、401、白803、白805和白24等井。八5^2砂层厚度由靠近物源区的白808井向盆地沉积区的白24井逐渐增大，表明该砂层沉积古地貌呈现西北高东南低的特征。八5^1砂层沉积期地层厚度仍然呈现出由白808井向白24井逐渐增加的趋势，这种厚度变化规律体现出该砂层沉积期古地貌由白808井向白24井逐渐降低的趋势。因此，总体来看，八5砂层组厚度由物源区向盆地沉积区逐渐增大，古地貌也呈现出西北高而东南低的格局。八4砂层组沉积期，地层厚度由白808井向白24井逐渐增加，所以古地貌呈西北高东南低的格局。八3砂层组沉积期，剖面中所有井的地层厚度变化较小，表明古地貌平坦。八2砂层组沉积期，地层厚度在401和白803井较大，其他井厚度变化较小，表明在401—白803井一线存在局部洼地，造成地层厚度高于剖面两侧。八1砂层组沉积期，地层厚度呈现由靠近物源区的白808井向盆地区的白24井逐渐增大的趋势。这种厚度变化规律表明，该砂层组沉积期古地貌呈现西北高东南低的格局。

NW7剖面：该剖面共包括4口井，由北向南东分别为检182、452、451和405等井(图2-10)。八5^2砂层厚度由靠近物源区的检182井向盆地沉积区的405井逐渐增大，表明该砂层沉积古地貌呈现西北高东南低的格局。八5^1砂层沉积期地层厚度仍然呈现出由检182井向盆地沉积区的405井逐渐增大的趋势，这种厚度变化规律体现出该砂层沉积期古地貌由检182井向405井逐渐降低的趋势。八4至八3砂层组沉积期，剖面中所有井的地层厚度变化较小，表明古地貌较平坦。八2砂层组沉积期，地层厚度由检182井向405井逐渐增加，表明该砂层组沉积期古地貌呈现西北高而东南低的格局。八1砂层组沉积期，地层厚度除在452井较小外，其他井中变化较小。这种厚度变化特征表明452井周围存在局部低凸起。

NE1剖面：该剖面共包括6口井，由西至东分别为193、552、461、检183、检179和检180等井。八5^2砂层厚度在该剖面变化较大，总体表现为西薄东厚，其中，在461井最大。横剖面分析表明，该砂层沉积期研究区靠近物源的区域古地貌起伏变化较大。由于八5^2砂层填平补齐作用，八5^1砂层沉积期地层厚度较稳定，虽然东部略大于西部，但变化较小。八4砂层组沉积期，地层厚度在西部的193较大，其他井中变化较小。八3砂层组沉积期，地层厚度在461—检183—检179井一线较大，其他井中较稳定。这种厚度分布特征表明研究区靠近物源区的区域古地貌的起伏较大。八2砂层组沉积期，地层厚度呈现西薄东厚的格局，但变化较小。八1砂层组沉积期厚度变化与八2砂层组明显不同。八3砂层组厚度

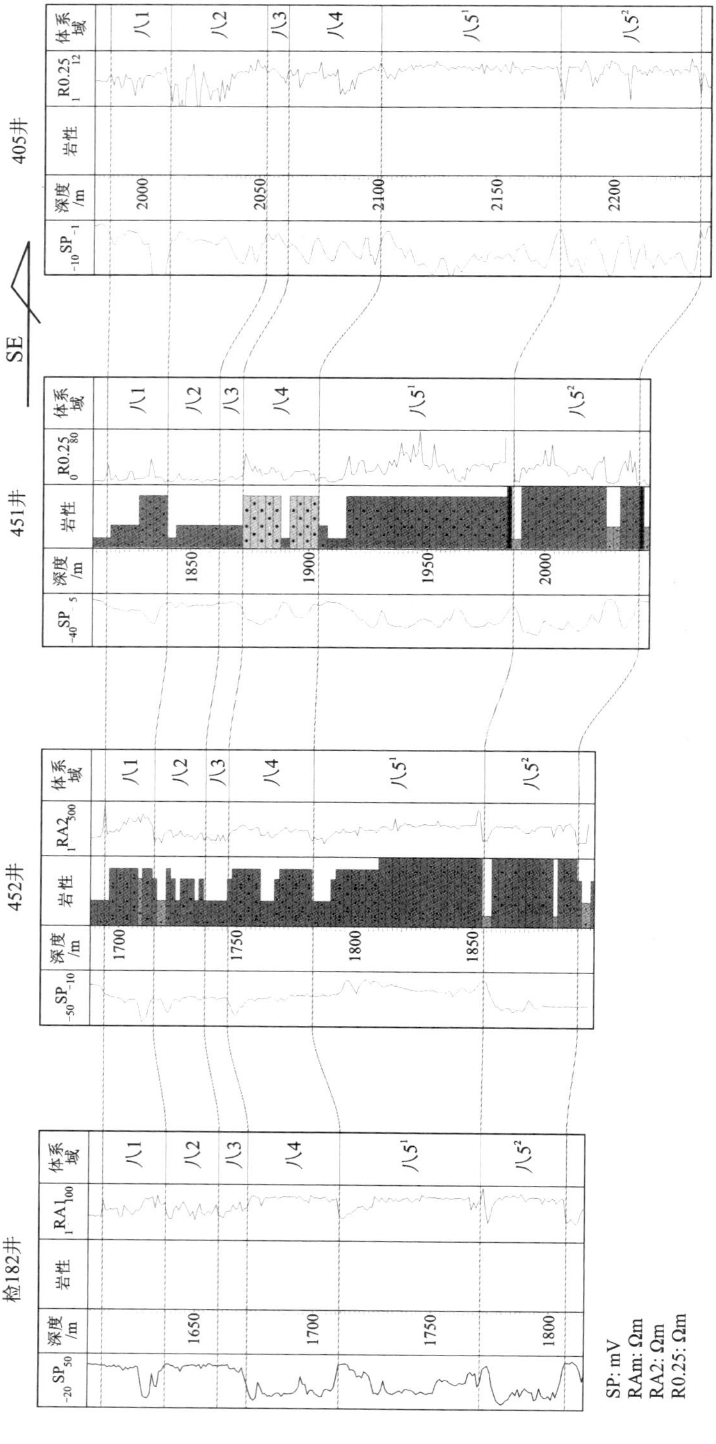

图2-10 八道湾组层序地层学连井对比剖面(NW7)

在剖面的西部较大，向东逐渐减薄。

NE2 剖面：该剖面共包括6口井，由西至东分别为200、390、检乌6、白833、452和397等井。八 5^2 砂层沉积期，地层厚度变化较大，总体表现为西薄东厚的特征，表明该砂层组沉积剖面的西部处于构造高部位，而东部厚度较大，处在构造低部位。八 5^1 砂层沉积期，由于八 5^2 砂层的填平补齐作用厚度变化较小，但仍然表现为西薄东厚的沉积格局。厚度的变化表明八 5^1 砂层沉积期古地貌呈现西高东低。八4砂层组沉积期，地层厚度在检乌6和白833井较大，其他井中厚度变化较小，表明该砂层组沉积剖面所在区域古地貌变化较大，及检乌6－白833井一线处于构造低部位。八3砂层组沉积期，地层厚度表现为西薄东厚，但厚度差异较小，沉积总体较稳定。八2砂层组沉积期，厚度变化较大。地层厚度在剖面西部的200—390井一线以及白833井较大，其他井中厚度较稳定。八1砂层组沉积，地层厚度整体呈现西薄东厚的特征，其中，在检乌6井和397井厚度较大。由厚度反映的古地貌表现为西高东低的特征。

NE3 剖面：该剖面共包括6口井，由西至东分别为388、检乌22、白831、129、白805和451等井。八 5^2 砂层沉积期，地层厚度整体呈现西薄东厚的特征，但在剖面东部的白805井地层厚度较小，应为局部低凸起。该砂层厚度分布特征表明该砂层沉积期古地貌整体呈现西高东低的格局，并在白805井周围存在局部高点。八 5^1 砂层沉积期，地层厚度仍呈现西薄东厚的特征，并在白831—129—白805井一线厚度较稳定。地层的厚度变化表明该砂层沉积期古地貌呈西高东低的格局。八4砂层组沉积期，地层厚度在检22—白831井一线较大，该剖面其他井中厚度较稳定。该砂层组厚度分布特征表明沉积期古地貌在检22—白831井为局部洼地，剖面其他区域地势较为平坦。八3砂层组沉积，地层厚度稳定，表明剖面所在区域古地貌平坦。八2砂层组沉积期，地层厚度在388井、129井和451井中较大，剖面其他井中厚度较小。厚度分布特征表明，研究区古地貌在388井、129井和451井等区域为局限洼地，剖面其他区域地势较平坦。八1砂层组沉积期，地层厚度呈现西薄东厚的特征，表明沉积期古地貌呈西高东低的格局。

NE4 剖面：该剖面共包括4口井，由西至东分别为204、检乌30、白22和405等井(图2－11)。八 5^2 砂层沉积期，地层厚度整体呈现西薄东厚的特征。厚度分布特征表明该砂层沉积期古地貌整体呈现西高东低的格局。八 5^1 砂层沉积期，地层厚度仍然呈现西薄东厚的特征。这种厚度分布规律表明沉积期古地理面貌呈现西高东低的格局。八4砂层组沉积期，地层厚度较稳定，表明沉积期古地理地貌平坦。八3砂层组沉积期，东西向剖面地层厚度分布稳定，表明古地貌地势平坦。八2砂层组沉积期，地层厚度在检乌30和405井厚度较大，而204和白22井厚度较小。该剖面厚度分布特征表明古地貌呈现隆坳相间的格局。八1砂层组沉积期，地层厚度在405井较大，而在204井较小，其他两口井稳定。地层厚度特征表明古地貌格局整体呈现西高东低。

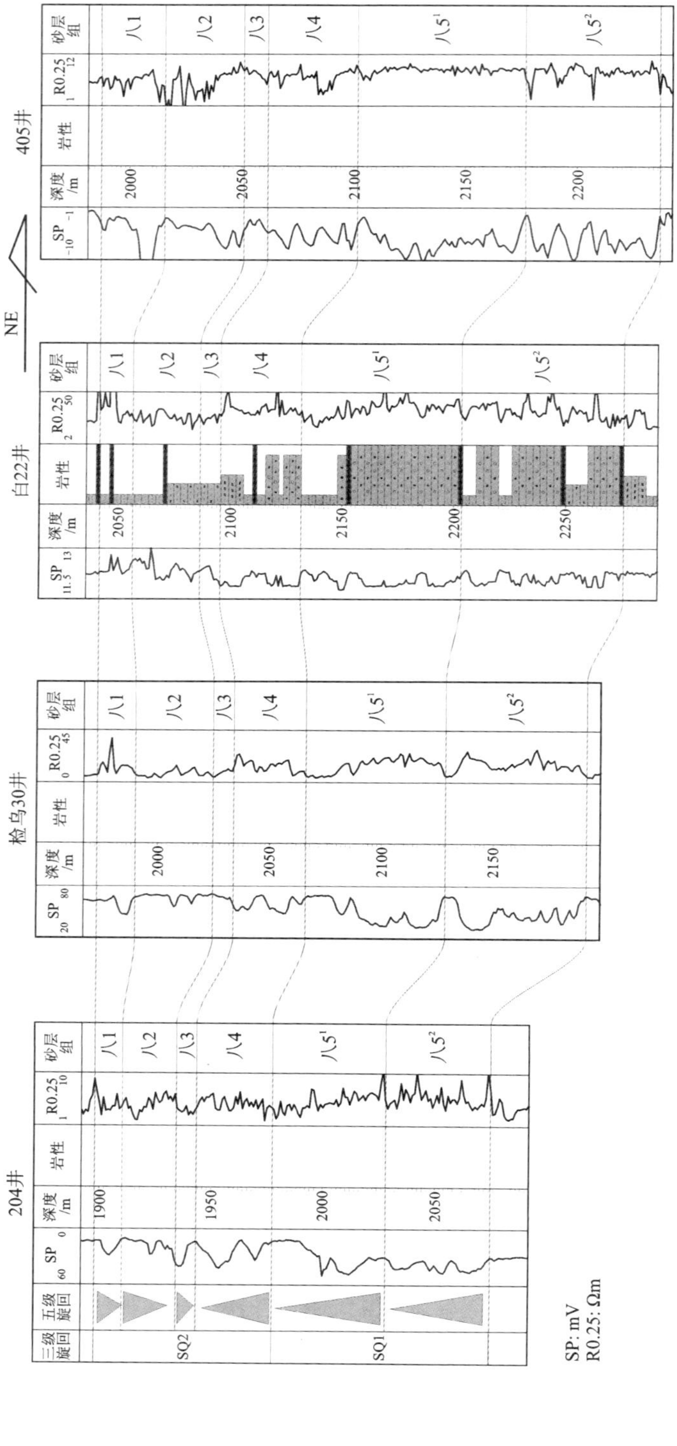

图2-11 八道湾组层序地层学连井对比剖面(NE4)

NE5 剖面：该剖面共包括 4 口井，由西至东分别为检乌 27、检乌 26、241 和白 24 等井。八 5^2 砂层沉积期，地层厚度整体呈现西薄东厚的特征，地层厚度在 241 井有增厚现象。该砂层厚度分布特征表明该砂层沉积期古地貌整体呈现西高东低的格局，但在 241 井周围存在局部洼地。八 5^1 砂层沉积期，地层厚度仍然呈现西薄东厚的特征。这种厚度分布规律表明沉积期古地理面貌呈现西高东低的格局。八 4 砂层组沉积期，地层厚度除白 24 井厚度较大外，剖面其他井中厚度较稳定，表明沉积期古地理地貌平坦，但在白 24 井周围存在局部洼地。八 3 砂层组沉积期，东西向剖面地层厚度分布稳定，表明古地貌地势平坦。八 2 砂层组沉积期，地层厚度除在白 24 井厚度较薄外，其他井中厚度稳定。该剖面厚度分布特征表明古地貌地势较平坦，但在白 24 井周围存在局部高点。八 1 砂层组沉积期，地层厚度稳定，表明古地貌较平坦。

2.5　体系域分布特征

2.5.1　SQ1 层序各体系域厚度分布

根据层序地层学连井对比剖面，统计各层序体系域厚度，并利用克里金插值勾画出各体系域厚度平面图，在此基础上进一步分析各体系域的平面分布特征。

SQ1 层序低位体系域下部砂体（八 5^2 砂层）：该砂层厚度较大的区域集中在八区的东部和东北部，尤其在 451 井、白 833—白 22—241—玛湖 4 井一线厚度最大，最大厚度为 96 m（玛湖 4 井）。厚度较小的区域集中分布在研究区的西南部和西北部以及靠近物源的区域（图 2 - 12）。该砂层平均厚度约 66 m。

SQ1 层序低位体系域上部砂体（八 5^1 砂层）：该砂层厚度较大的区域仍然集中在八区的东部和东北部，尤其在 451 井、白 833—白 24—241—玛湖 2—玛湖 4 井一线厚度最大，最大厚度为 83 m（玛湖 4 井）；厚度较小的区域集中分布在研究区的西南部和南部以及靠近物源的部分区域。该砂层平均厚度约 41 m。

2.5.2　SQ2 层序各体系域厚度分布

SQ2 层序低位体系域（八 4 砂层组）：该砂层组厚度较大的区域较分散，主要集中在白 24 井、检 182—检乌 7—白 833—检乌 26 井一线，以及检乌 6—检乌 30 一线、检 55—197 一线等区域，最大厚度为 66 m（85277 井）；厚度较小的区域集中分布在研究区的西南部和南部以及靠近物源的部分区域（图 2 - 13）。该砂层平均厚度约 35.2 m。

SQ2 层序湖侵体系域（八 3 砂层组）：该砂层组厚度较大的区域主要分布在靠近克乌断裂带的 191—293—213—286 检 174—530 等井一线以及盆地沉积区检乌

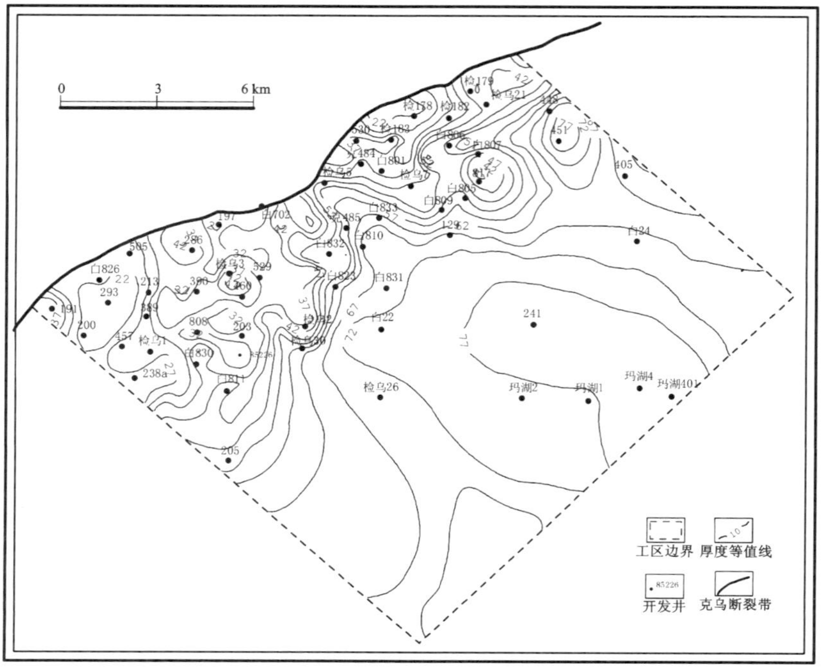

图 2－12　八道湾组 SQ1 层序低位体系域下砂层(八 5^2 砂层)地层厚度图

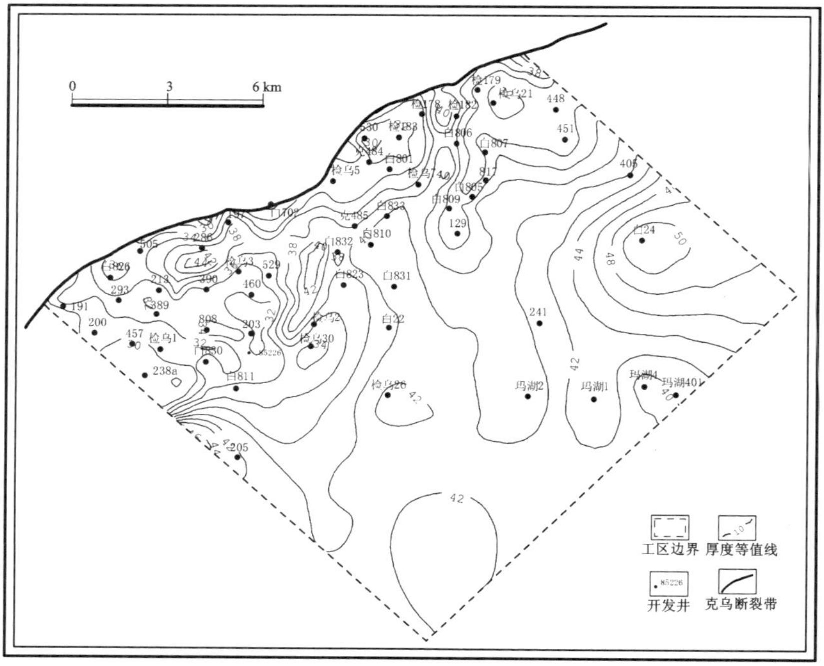

图 2－13　八道湾组 SQ2 层序低位体系域(八 4 砂层组)地层厚度图

26—241—玛湖 401 等井一线，最大厚度为 25 m(530 井)；厚度较小的区域集中分布在研究区中部检乌 1—203—白 832—白 833—检乌 7—检乌 21 等井一线。该砂层平均厚度约 10.5 m。

SQ2 层序高位体系域下段(八 2 砂层组)：该砂层组厚度较大的区域主要分布研究区西南部 535—457—检乌 1—390—检乌 2—白 823—白 833 等井一线以及克 86—检 178—克 901 等井一线，最大厚度为 60 m(8844 井)；厚度较小的区域集中分布在研究区东南部和东部检乌 4—检乌 26—白 831—241—玛湖 1—玛湖 401 等井一线(图 2 - 14)。该砂层平均厚度约 25 m。

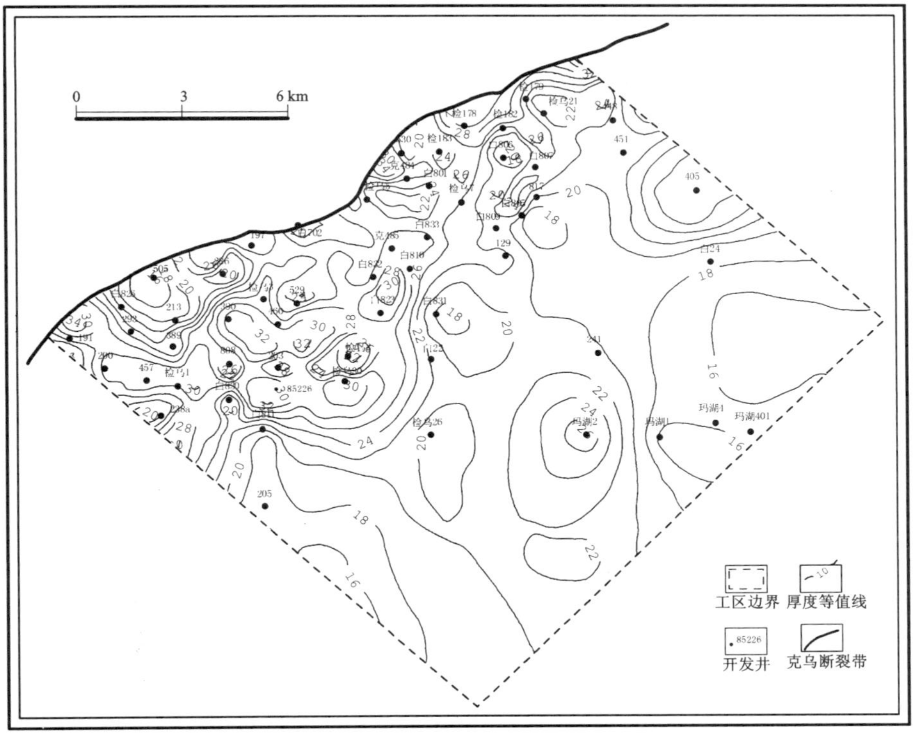

图 2 - 14　八道湾组 SQ2 层序高位体系域下段(八 2 砂层组)地层厚度图

SQ2 层序高位体系域上段(八 1 砂层组)：该砂层组厚度较大的区域主要分布研究区西部和西北部等靠近物源的区域，尤其在 535—505 井、197—529 井—检乌 6—检乌 5—530 井以及克 86—克 901 井一线厚度较大，最大厚度为 49 m(535 井)；厚度较小的区域集中分布在研究区南部和东南部白 823—241—玛湖 2—205—等井一线(图 2 - 15)。该砂层平均厚度约 22 m。

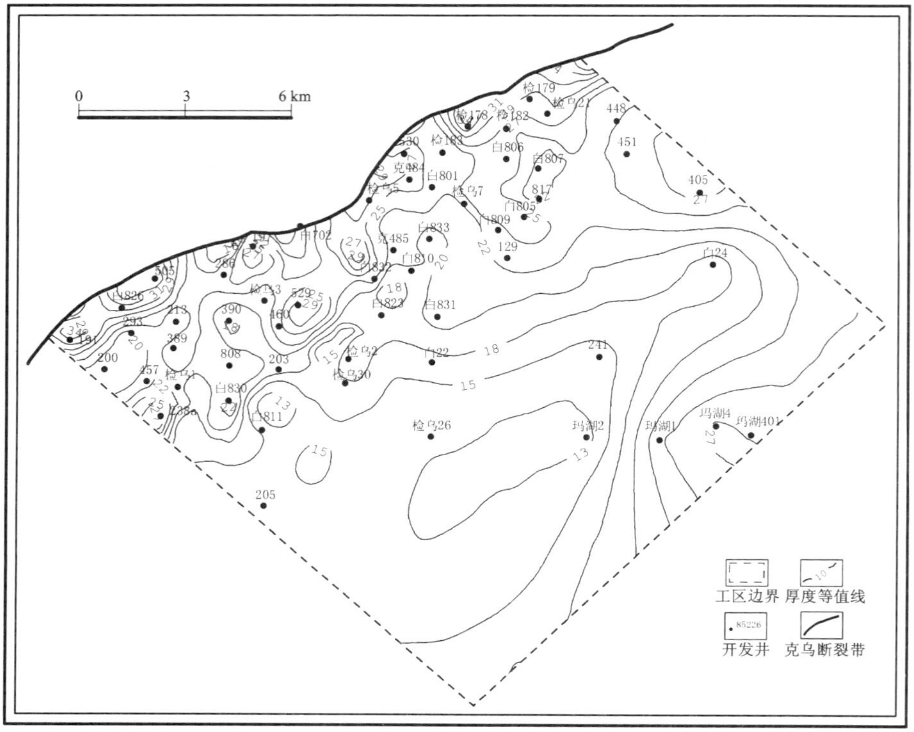

图 2-15　八道湾组 SQ2 层序高位体系域上段(八 1 砂层组)地层厚度图

2.5.3　体系域厚度分布规律

厚度较大的区域对应沉积中心。厚度分布特征受到物源和古地貌的控制，厚度较大的区域常距物源较近。通过八道湾组八 5 砂层组至八 1 砂层组厚度展布特征可以看出，沉积中心由北向南迁移。八 5 砂层组的沉积中心位于研究区的北部和东北部以及东部，研究区南部厚度较小；八 4 砂层组厚度较大的区域迁移至八区中部白 832—白 833—检乌 26 等井周围；八 3 砂层组厚度较大的区域继续向南迁移至研究区西南部和东南部，如 293—213 井周围以及检乌 26—玛湖 2 井一线以南的区域；八 2 砂层组厚度较大的区域主要集中在研究区的西南部，如 457—检乌 1—检乌 30 等井一线；由于前期沉积的填平补齐作用，八 1 砂层组沉积期古地貌已经较平坦，准平原化已经完成，因此，厚度较大的区域沿克乌断裂带下降盘呈北东南西向的带状展布。造成地层厚度由北向南迁移的主要原因是构造活动使古隆起物源区不断由北向南迁移，这与克乌断裂带的活动规律有关。

3 八道湾组沉积相分析

3.1 准噶尔盆地八道湾组沉积相研究进展

国内学者对准噶尔盆地八道湾组做过详细研究，成果多集中在沉积环境、储层成岩作用以及成藏规律等方面。研究的区域多集中在莫南凸起、莫北凸起、盆1井西凹陷、莫索湾凸起、莫西庄地区、夏盐凸起、石西凸起等地区。但目前对于玛湖凹陷西部斜坡区（研究区）八道湾组沉积及储层方面的研究尚属空白。

准噶尔盆地东部八道湾组沉积相类型丰富，油气藏类型较多，研究成果丰富。孙靖、薛晶晶等人（2019）对莫北地区八道湾组沉积特征研究后认为八道湾组沉积期准噶尔盆地总体处于裂坳—坳陷过渡或陆内坳陷阶段，构造运动较弱，构造变形小，稳定沉积为主，地层坡度较小，地形平缓；同时，气候以温暖湿润性气候为主，具有充足的沉积物供给，形成了广泛分布的浅水三角洲—湖泊沉积体系，莫北区块普遍发育浅水辫状河三角洲，南部的莫索湾地区以浅水曲流河三角洲沉积为主。厚刚福、孙靖等人（2019）对盆1井西凹陷八道湾组沉积特征研究后认为，盆1井西凹陷八道湾组二段发育两级环状坡折，将研究区分为三角洲内前缘带、三角洲外前缘带和湖盆深水区3个带。三角洲内前缘带水下分流河道微相的储层质量高、含油气性好；三角洲外前缘带发育河道末梢沉积和席状砂微相，为致密储层发育区，含油气性差；湖盆深水区砂质碎屑流砂体的储层性质和含油气性与三角洲内前缘带水下分流河道砂体相类似。赵玉光和肖林萍（1994）研究认为准噶尔盆地克拉美丽山前和乌伦古一带发育辫状河三角洲，主要岩性为杂色砾岩、砂岩夹泥岩薄层，岩石成分以岩屑为主，普遍含石英，分选不好。以泥质胶结为主，局部含钙质、铁质。发育洪积层理，偶见交错层理。动物化石稀少，于三角洲平原部位可见薄煤层及炭化植物碎屑。克乌断裂带东南侧发育辫状河-辫状河三角洲相为一套灰、浅灰、灰绿色砂岩、砾岩夹深灰色泥岩、炭质泥岩及煤层。砾石成分以石英为主；具交错层理、波状层理及水平层理；具有黄铁矿及钙质结核。其粒序由下而上为砾岩-砂岩-泥岩-煤层的正粒序，一般发育5个，多达8个这样的韵律。含有大量的植物及瓣鳃类化石。煤层分布普遍，且较发育，多呈透镜状，厚度不一，从煤线至数十米厚。

准噶尔盆地南部野外露头丰富，为八道湾组沉积相分析提供了最为直观的依据。双棋、张昌民等人(2019)以及颜佳新、杨生科等人(1999)针对准噶尔盆地南部露头区研究后认为，八道湾组共由5个沉积旋回构成，除早期的第1沉积旋回属于冲积扇–辫状河过渡型沉积体系外，其余4个旋回均为辫状河沉积体系。第1沉积旋回由3段式构成。底部的冲积扇沉积主要由具块状构造和不清晰的大型交错层理的粗砾岩和中砾岩构成，沉积物分选极差，但砾石的磨圆度很好，反映了该沉积物是在极高能量条件下经过了一定距离的搬运，或者是再轮回的砾石沉积，这是研究区砾岩最发育的层段；该旋回中部沉积体系已开始向辫状河转化，相互叠置的、由含砾砂岩和砂岩构成的大型透镜状沉积体逐渐发育，沉积构造以大型槽状交错层理、板状交错层理和小型水流波痕纹理为主，垂向上具有正粒序变化，反映了辫状河的逐渐废弃过程；该旋回顶部以细粒沉积物为主，代表了辫状河废弃后的废弃平原沉积。废弃平原中的泥炭沼泽(煤层)、植物根痕和根土岩极为发育，反映了一种潮湿型气候。第2沉积旋回到第5沉积旋回为辫状河体系，主要由辫状河道、废弃平原(包含决口扇和泥炭沼泽)等成因相组成。辫状河道沉积通常位于每个旋回的下部，具有极大的宽厚比，是构成每个旋回的主体部分。辫状河道在垂直古流方向上总体显示为众多透镜体的相互叠置，而在平行古水流方向上则表现为众多大型砂体底形的逐渐向前进积过程。辫状河道主要由砾岩组成，含砾砂岩和砂岩次之。大型槽状交错层理是其主要的沉积构造，砾石的叠瓦状构造和块状构造常见，河道发育晚期还发育了一些板状交错层理。河道底部总体表现为面状冲刷，但在局部地区具有明显的下蚀作用或箱状冲刷。废弃平原沉积通常位于每个旋回的顶部，以粉砂岩和泥岩为主，块状构造发育，植物根痕、茎干、叶片和种子化石丰富。张义杰等(1994)曾在这些沉积物中采到过叶肢介和昆虫等化石，这也表明在废弃平原上可能存在一些积水洼地。在废弃平原中能见到一些决口扇，它们为席状，由含砾砂岩和砂岩组成，内部槽状交错层理、板状交错层理和水流波痕纹理发育。泥炭沼泽普遍发育于废弃平原之上。由于受到一些小型水流的干扰，在煤层中形成了一些小的砂岩或粉砂岩透镜体。每个沉积旋回中辫状河沉积体系的发育具有明显的阶段性。早期河道发育期水道遍及整个研究区，而晚期河道废弃期废弃平原占优势。从第1旋回到第5旋回辫状河体系发育过程具有明显的不均一性，整体具有早强、中弱和晚强的特征。虽然如此，5个沉积旋回的发育在研究区乃至盆地西北缘具有一致的同步性，这种良好的韵律性可能与5次区域逆冲构造事件相关。

准噶尔盆地西北部边缘区域八道湾组岩性较复杂，以砂砾岩、细砂岩、中砂岩、泥岩和煤层为主。汪彦、彭军、赵冉等人(2012)根据7口取芯井55个样品的薄片鉴定和6个粒度分析资料研究表明砂岩中石英含量为11.4%～35.0%，平均为22.2%；长石含量为12.2%～18.8%，平均为16.3%；岩屑含量最高达70.3%，最低为51.7%，平均为61.3%。岩石中石英、长石平均含量较低，岩屑含量较高，矿物成熟度平均为0.3，因此，砂岩的成熟度较低。砂岩填隙物含量高，填隙物中杂基的类型以泥质为主，含量约为7.6%。胶结物为碳酸盐岩，含量小于4%，胶结物类型为孔隙式胶结，颗粒支撑。王昌勇、郑荣才、王建国等人(2008)据薄片鉴定分析，表明碎屑颗粒分选较差一中等；颗粒磨圆度中等，多呈次棱角状一次圆状，颗粒无明显的定向排列，表明岩石的结构成熟度很低。综合前人研究表明，研究区岩性较粗，成分成熟度和结构成熟度较低，应为近源沉积。沉积构造常见槽状交错层理、板状交错层理、波状层理和水平层理。汪彦根据这些沉积特征认为八区研究区为辫状河沉积，并进一步划分出河床、堤岸亚相和河漫亚相，以及河床滞留、心滩和泛滥平原等微相。但是王昌勇、郑荣才和王建国等人(2008)研究认为该区除了辫状河流相外，还发育辫状河三角洲相和湖泊相，并认为这三种沉积相在演化过程中交替出现。该区继晚三叠世末期的湖平面大幅度下降，伴随湖盆的衰亡，研究区早期进入广泛的沼泽沉积环境，随着泥沙的带入，沼泽逐渐消亡，而河流作用加强，地层逐渐由东向西超覆，主要发育辫状河沉积；至八道湾组一段早期湖平面开始迅速上升，发育了大片的浅湖及辫状河三角洲沉积环境；在八道湾组一段晚期湖平面又迅速下降，导致浅湖沉积退出研究区；八道湾组二段早期再次发生湖侵作用，以大面积的浅湖沉积为特征；而八道湾组三段伴随着湖平面的再次下降，河流作用逐渐减弱，泥质沉积日渐增多，在研究区末期重新又形成了大片的沼泽沉积环境。

准噶尔盆地北部边缘侏罗系研究区以明显的角度不整合覆于三叠系或石炭系侵蚀面之上，岩性为含砾砂岩、砂岩的块状层与灰色泥岩、砂质泥岩、粉砂岩、炭质泥岩的不等厚韵律状交互层。纵向上，研究区岩性形成下粗上细的正韵律，间夹煤线或煤层。肖雄飞(2013)研究认为八道湾组二段至三段岩性最粗，以砾质粗砂岩为主，夹煤层，并发育多套砾岩－砂岩－泥岩的正韵律。底部为杂色砾岩，砾石粒径最大50 cm，平均粒径2~4 cm，磨圆为次棱角－次圆状，分选差，砾石成分以火山岩为主，变质岩和沉积岩次之。向上逐渐过渡为灰色、灰绿色泥岩、灰黑色炭质泥岩夹灰黄色薄层粉细砂岩，具板状交错层理、槽状交错层理，砾石见定向排列，砂砾岩中多处可见铁质结核呈串珠状和呈条带状分布。根据岩性特征、沉积构造和垂向韵律的变化，认为研究区以冲积扇沉积，且为湿地扇为主。

3.2 沉积相类型识别

3.2.1 岩芯相－测井相分析

岩芯相研究是分析沉积相最直接的方法，通过观察岩芯的岩性、沉积构造、古生物化石和垂向上岩性组合特征可以确定沉积相类型，甚至沉积微相类型。值得注意的是，在进行岩芯观察时，应结合测井曲线，从而确定各种岩芯相所对应的测井相类型。

根据研究内容选取研究区取芯较全的白801井、551井和552井作为重点研究井，其中白801井取芯层位为八5^2砂层（对应井深1779.84～1818 m）和八5^1砂层下部（对应井深1775.12～1779.84 m）（图3－1）。通过岩芯观察可知，八5砂层组以扇三角洲相平原亚相为主，可进一步划分出泥石流、辫状道以及河道间沼泽等微相。

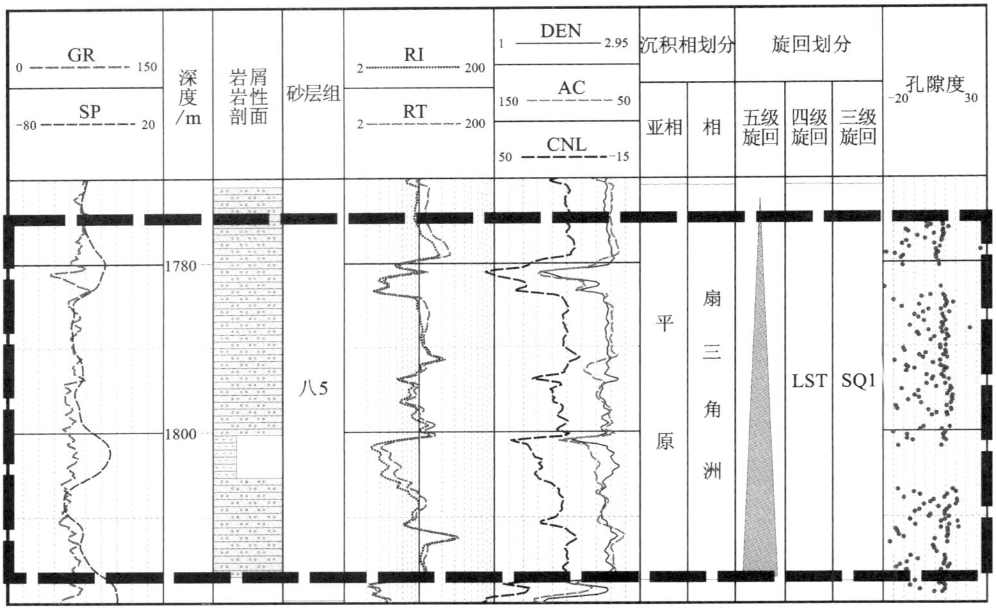

图3－1　八区八道湾组白801井八5砂层组取芯井段

（1）白801井八5砂层组岩芯相－测井相分析

通过岩芯观察可知，白801井八5^2砂层下部井深1813.20～1818.12 m，岩芯为杂色中－细砾岩，砾石呈次圆状，分选性差（图3－2），砾岩为杂基支撑、基底式胶结，砾石间充填粗砂以及细砾等，砾石成分以岩浆岩为主。该段岩芯不具层理和粒序结构。岩芯观察表明，该段砾岩为近源快速堆积，结合古地理背景可以判断该砾岩为扇三角洲相平原亚相泥石流微相。

1811.28～1813.20 m，该段电阻率呈异常高值，同时中子和声波时差呈低值，而密度呈异常高值。岩芯资料显示，该段为杂色泥质细－中砾岩，砾石的磨圆度为次圆状，分选性较差（图3－3）。砾岩为基底式胶结，杂基支撑，砾石的成分为岩浆岩。与下部砾岩比较，该段砾岩中的泥质含量更高，因此造成岩石的电阻率

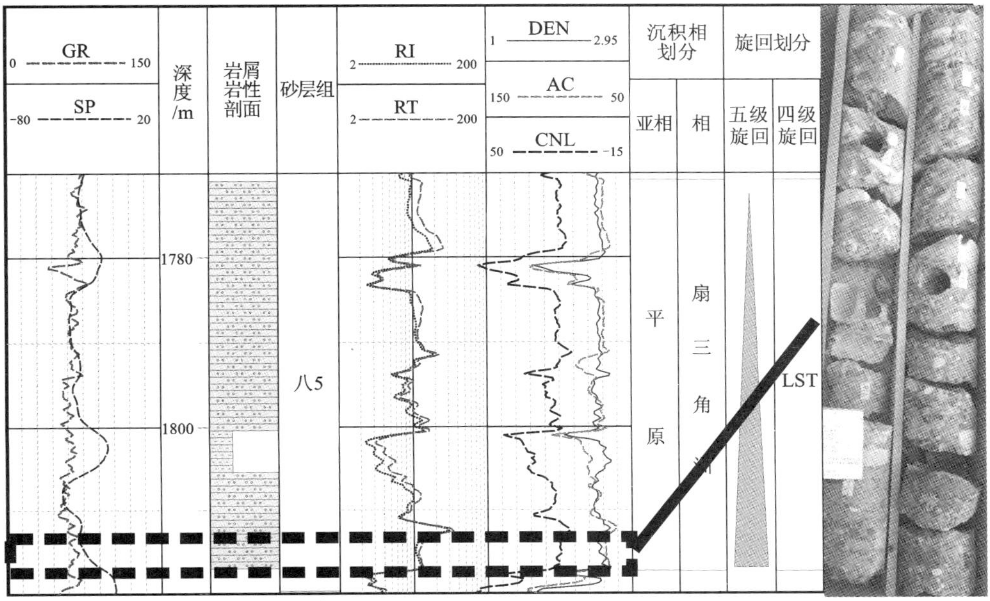

图 3-2　八道湾组白 801 井取芯井段 1813.20～1818.12 m 岩芯相特征

和密度较高。该段取芯对应的测井曲线呈钟型。根据岩芯相可以判断该段岩芯沉积相类型为扇三角洲相平原亚相泥石流微相。

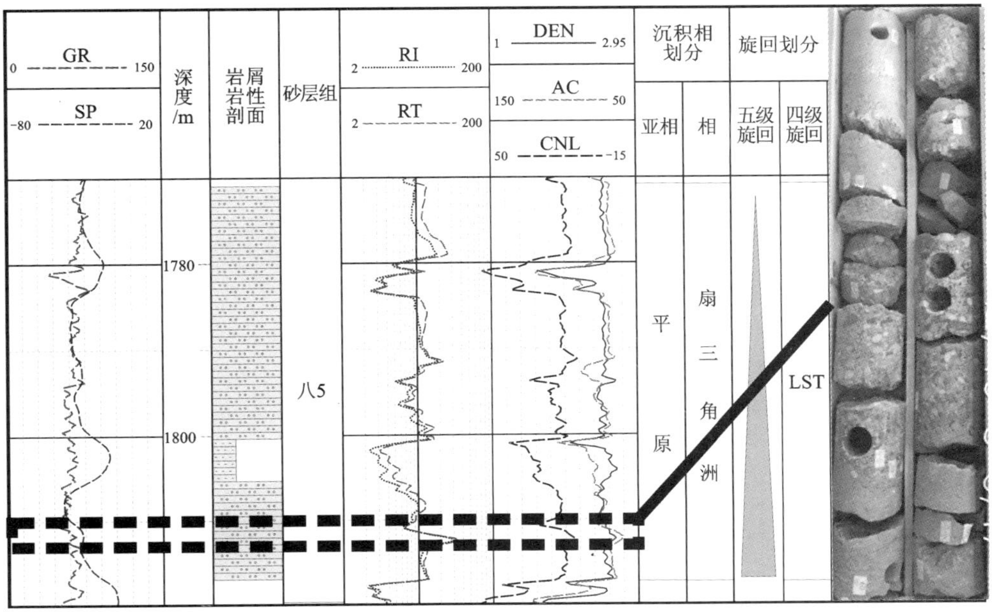

图 3-3　八道湾组白 801 井取芯井段 1811.28～1813.20 m 岩芯相特征

1806.60～1811.28 m，该段岩芯下部为含砾的粗砂岩、砾质粗砂岩以及粗砂岩，砂岩中夹有薄层状泥岩、粉砂质泥岩。该段岩芯对应低电阻率、低中子和低声波时差。根据岩性和测井曲线形态可以判断该段岩芯为扇三角洲相平原亚相辫状河道微相；该段岩芯上部为杂色块状细砾岩，砾石呈次圆状，分选性差，杂基支撑、基底式胶结。由下至上，砾石的含量逐渐增加，砂泥质含量逐渐减小(图3－4)，因此，测井曲线呈漏斗型。根据岩芯相可以判断该段岩芯沉积相类型为扇三角洲相平原亚相泥石流微相。

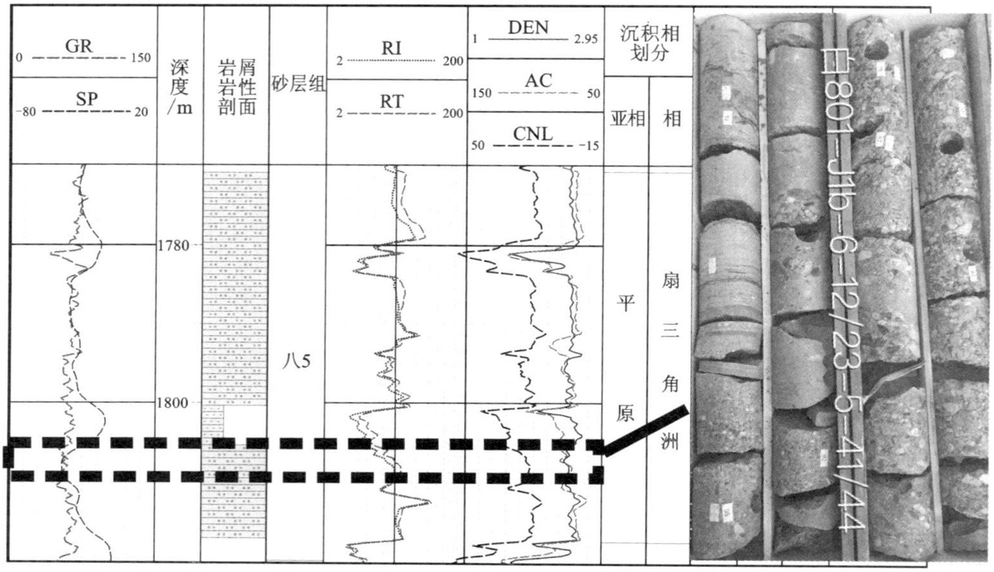

图3－4　八道湾组白801井取芯井段1806.60～1811.28 m岩芯相特征(彩图见附录)

1803.12～1806.60 m，该段岩芯呈现明显的下粗上细的正韵律，下部为杂色砾岩、灰色砾质粗砂岩、灰色含砾中－细砂岩，上部为灰色泥岩、粉砂质泥岩以及粉砂岩，具水平层理。该段岩芯对应的电阻率曲线包络线呈钟型(图3－5)，砂岩为高电阻，而泥岩和粉砂质泥岩呈现低电阻。测井曲线与岩芯对应关系良好。根据岩芯相、测井相以及岩性组合可以判断该段岩芯为扇三角洲平原亚相辫状河道微相。

1799.68～1803.12 m，该段岩芯下部为灰色块状中砂岩，不具层理，向上渐变为细砂岩、粉砂岩，纵向上形成下粗上细的正韵律；中部为灰色、深灰色粉砂质泥岩和炭质泥岩；上部为杂色块状细砾岩，砾岩底部与砂岩呈侵蚀接触关系。该段岩芯对应的电阻率测井曲线下部为钟型，高电阻率对应中砂岩，低电阻率对

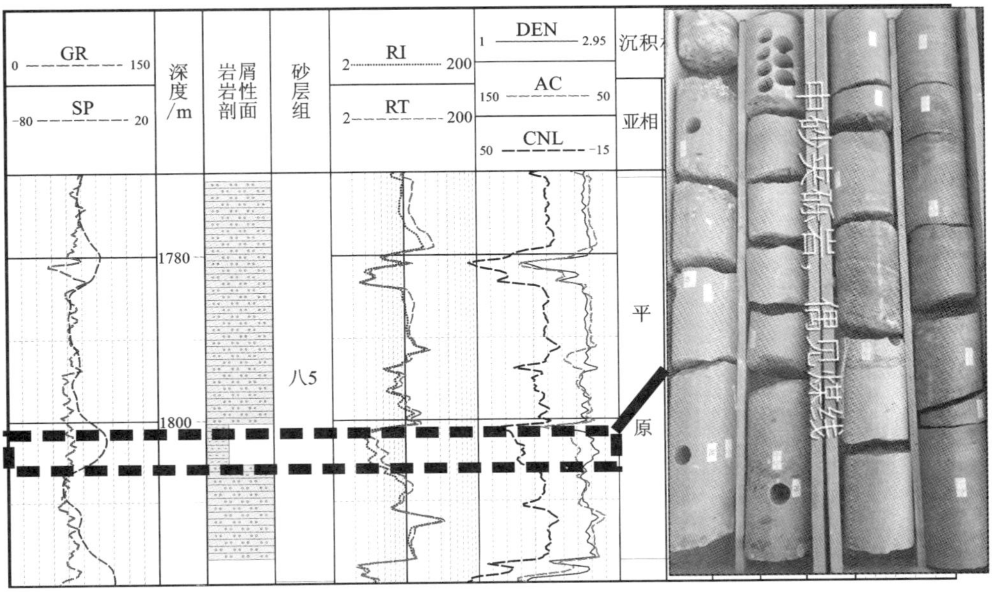

图 3-5　八道湾组白 801 井取芯井段 1803.12 ~ 1806.60 m 岩芯相特征(彩图见附录)

应泥岩。岩芯中泥岩与砾岩的冲刷面在电阻率测井曲线上表现为电阻率值突然升高(图 3-6)，因此，岩芯相与测井相对应关系良好。

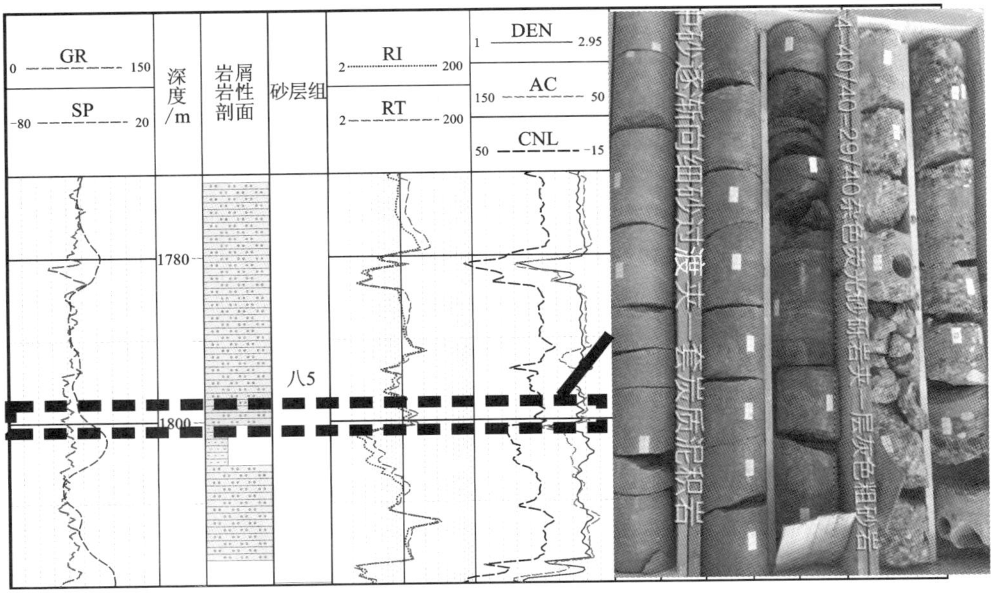

图 3-6　八道湾组白 801 井取芯井段 1799.68 ~ 1803.12 m 岩芯相特征(彩图见附录)

1795.60～1799.68 m，该段岩芯下部为杂色块状中－细砾岩，且砾石呈下粗上细的正韵律，砾石呈次圆状，分选性差，砾岩杂基支撑，基底式胶结，砾石间充填砂泥质。砾石成分以岩浆岩为主；上部为灰色块状砾质粗－中砂岩，局部发育大型的槽状交错层理。电阻率测井曲线呈钟型(图3－7)，齿化，测井曲线与岩芯对应关系良好。

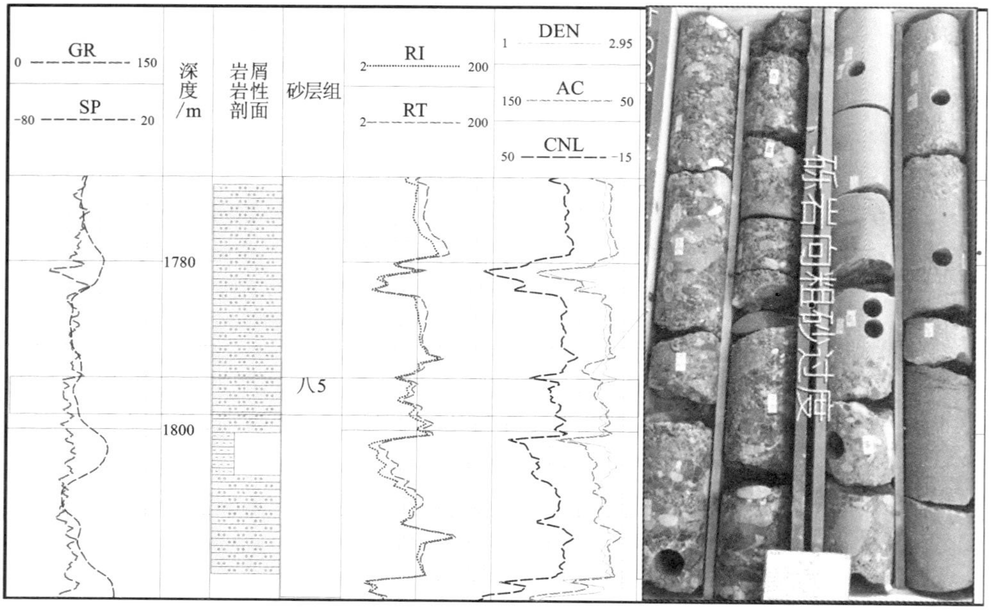

图3－7　八道湾组白801井取芯井段1795.60～1799.68 m岩芯相特征(彩图见附录)

1791.62～1795.60 m总体表现为砂岩与砾岩互层沉积，砂岩以砾质粗砂岩为主，砾岩为杂色细砾岩。砾岩与砂岩组成下粗上细的正韵律，砾岩底部常见冲刷面。该段岩芯下部砾石的砾径明显小于上部砾石。电阻率测井曲线呈弱的漏斗型(图3－8)，齿化。砾岩与砂岩互层沉积表明沉积期受气候更迭快，变化大。该段岩芯沉积相类型为扇三角洲平原泥石流和辫状河道微相。泥石流多沉积砾岩，而辫状河道多沉积砂岩。

1786.60～1791.62 m，岩芯整体为杂色中－细砾岩，砾石呈次圆状，分选性差，基质支撑，基底式胶结。纵向上，呈现下粗上细的正韵律，下部为中砾岩，向上变为细砾岩。砾石的成分为岩浆岩砾石，物源来自克乌断裂带上盘。电阻率测井曲线呈钟型(图3－9)，下部高电阻率对应中砾岩，上部低电阻率对应细砾岩。该段岩芯对应的沉积相类型为扇三角洲平原泥石流。

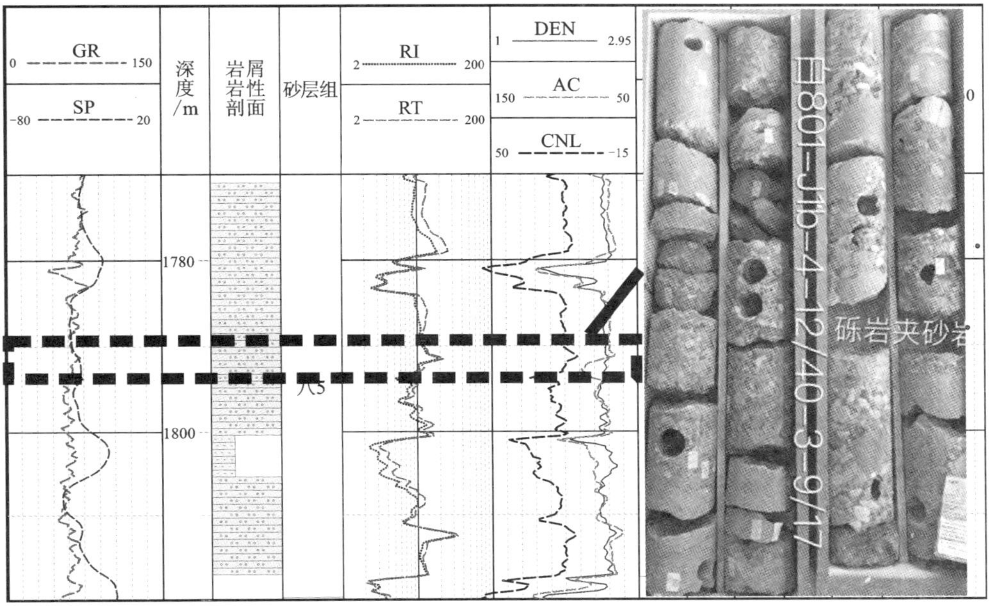

图 3-8 八道湾组白 801 井取芯井段 1791.62 ~ 1795.60 m 岩芯相特征

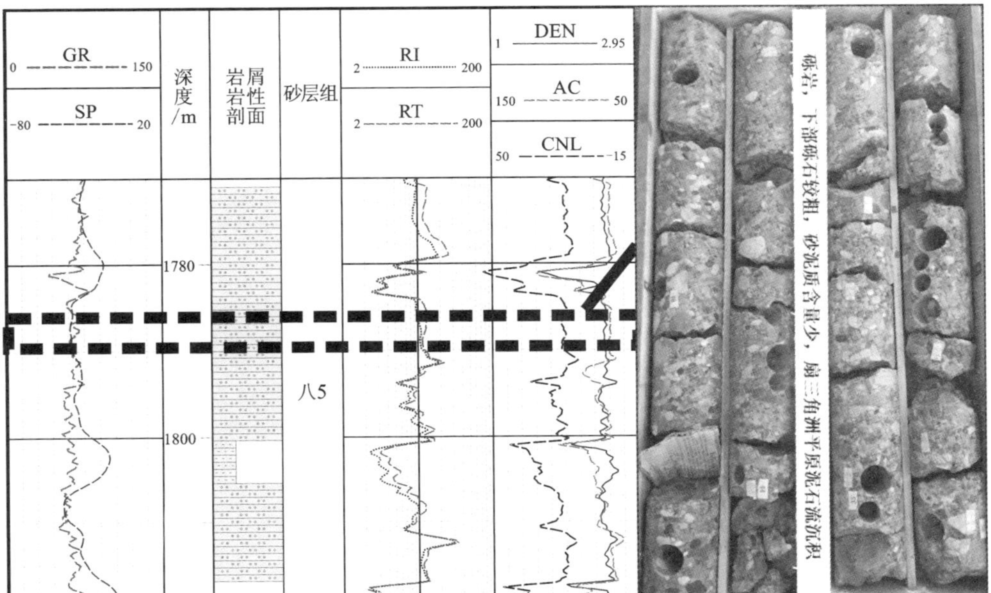

图 3-9 八道湾组白 801 井取芯井段 1786.60 ~ 1791.62 m 岩芯相特征(彩图见附录)

1783.88～1786.60 m，该段岩芯下部为杂色块状中砾岩，向上变为杂色块状细砾岩。砾岩上部渐变为杂色块状砂质砾岩和灰色砾质粗砂岩，整体呈现下粗上细的正韵律。砾石为岩浆岩砾石，呈次圆状、分选性差，基质支撑，基底式胶结。电阻率测井曲线为箱型和钟型的复合型(图3－10)，下部箱型为中－细砾岩，对应高电阻；上部的钟型表现为砂质砾岩和砾质砂岩组成的正韵律，砂质砾岩为高电阻，而砾质砂岩为低电阻。该段岩芯对应的沉积相类型为扇三角洲平原泥石流。

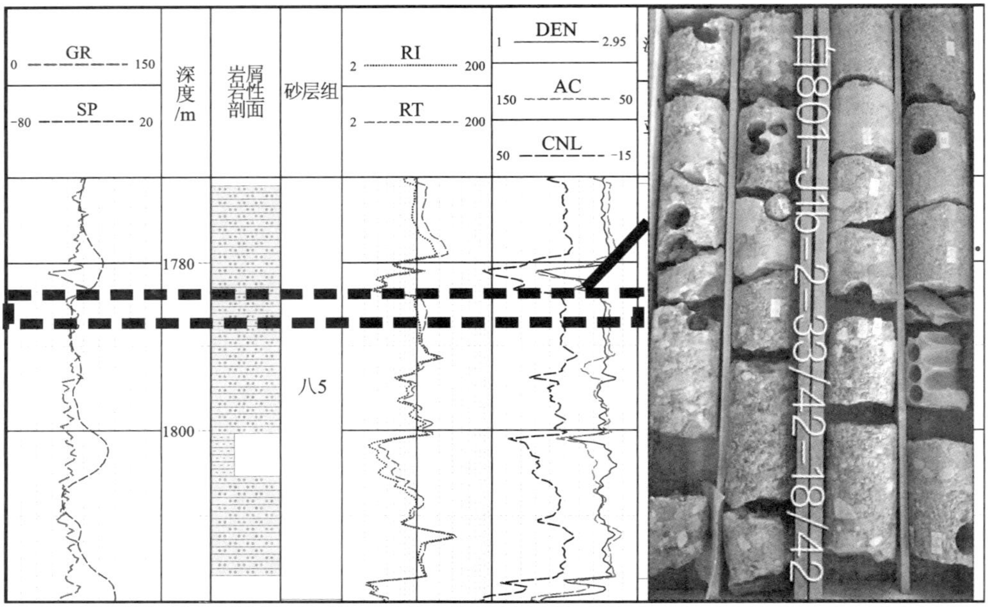

图3－10 八道湾组白801井取芯井段1783.88～1786.60 m岩芯相特征

1778.60～1782.20 m，该段岩芯下部为深灰色炭质泥岩，向上变为厚约0.5 m的煤层，煤层之上复变为深灰色炭质泥岩和粉砂质泥岩。顶部为细砾岩，砾岩与下伏砂泥岩为侵蚀接触关系。电阻率测井曲线中，泥岩为低电阻，而煤层却为高电阻(图3－11)。与砾岩和砂岩的高电阻相比，煤层的自然电位曲线并未表现为正异常，因此通过自然电位和电阻率曲线可以识别煤层。综合岩芯相和测井相可判断该段岩芯为扇三角洲平原河道间微相沉积。

1775.12～1778.60 m，该段岩芯为砾岩，砾石的分选性差，磨圆度呈次圆状，基质支撑，基底式胶结。虽然整段岩芯均为砾岩，但又可细分为中砾岩和细砾岩，中砾岩分布在下部，细砾岩分布在上部，因此形成下粗上细的正韵律。该段岩芯电阻率测井曲线呈钟型(图3－12)，中砾岩对应高电阻率，而细砾岩对应的

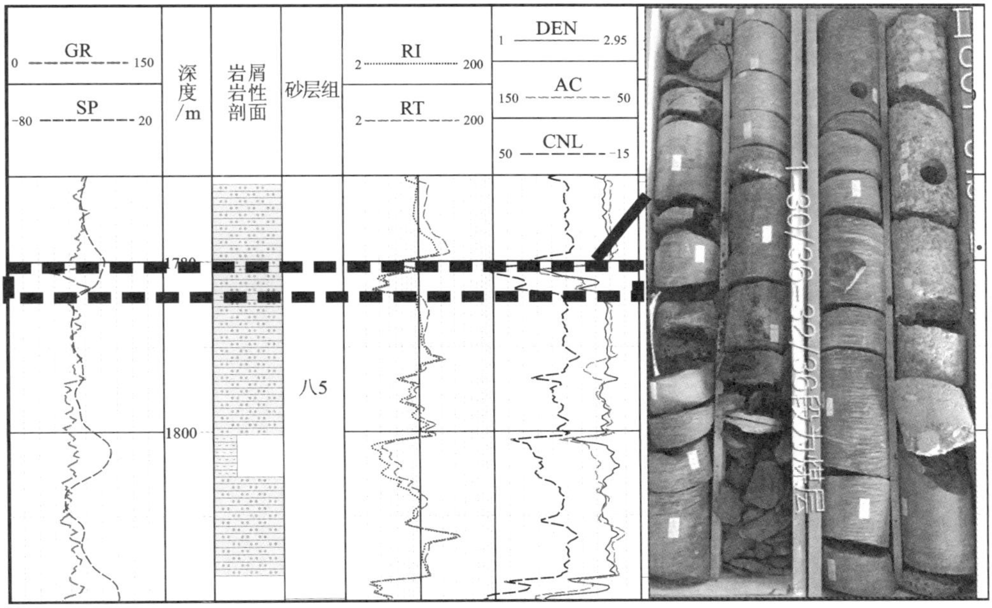

图 3-11　八道湾组白 801 井取芯井段 1778.60~1782.20 m 岩芯相特征(彩图见附录)

电阻率相对较低，因此，岩芯和电阻率对应关系良好。该段岩芯对应的沉积相类型为扇三角洲平原泥石流。

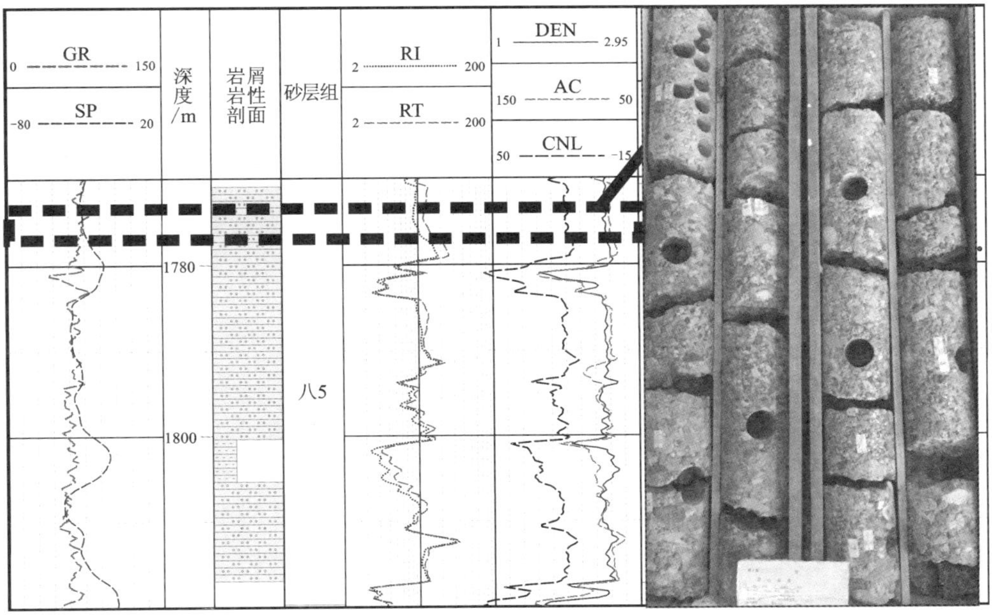

图 3-12　八道湾组白 801 井取芯井段 1775.12~1778.60 m 岩芯相特征

玛湖201井取芯井段同样为八5砂层组，但其粒度明显较白801井细，以中砂岩、细砾岩和砾质砂岩为主，另外，还发育一些细砂岩和泥质砂岩。沉积韵律以正韵律为主，常形成下部为细砾岩，上部为砂岩的正韵律(图3-13)。综合判断该井八5砂层组取芯层段沉积相类型为扇三角洲前缘水下分流河道。

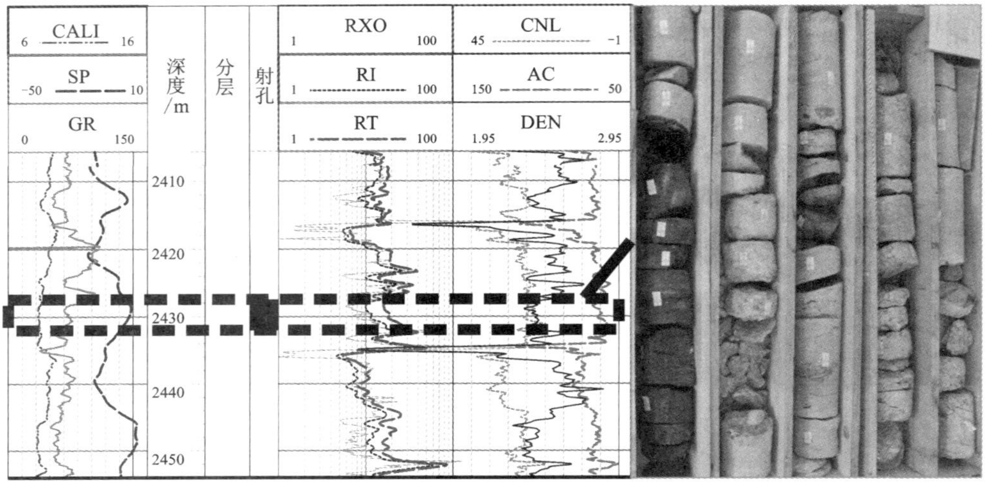

图3-13　八道湾组玛湖201井取芯井段岩芯相特征

(2)552井八4砂层组岩芯相-测井相特征

552井部分取芯层段跨越了八5和八4砂层组(1645.44 m)，因此，根据岩芯可以判断它们之间的接触关系。岩芯观察表明，八4砂层组为灰色具平行层理中砂岩，应为辫状河流相沉积。八5砂层组为深灰色具砂纹层理和波状层理的泥质粉砂岩和粉砂质泥岩。根据岩性和沉积构造可以判断八5砂层组顶部的这套泥岩应为湖泊相滨浅湖亚相沉积。电阻率测井曲线显示，八5砂层组泥岩为低电阻，而八4砂层组中砂岩为高电阻(图3-14)，且电阻率值相差较大，与岩芯匹配关系良好。

另外，根据552井八5砂层组和八4砂层组中发育的泥岩的特征也可以判断其沉积环境的不同。八5砂层组沉积的泥岩为深灰色，且发育砂纹层理和波状层理(图3-15)；而八4砂层组泥岩则为棕褐色块状泥岩。因此，2个砂层组泥岩沉积环境明显不同。八5砂层组泥岩为滨浅湖沉积，为弱还原环境，而八4砂层组泥岩为辫状河道间沉积，属暴露氧化环境。

(3)551井八3、八2和八1砂层组岩芯相-测井相特征

551井取芯揭示了八3砂层组沉积相类型。取芯井段为八3砂层组1498.61 m处。取芯层段岩性为灰绿色块状粉砂岩和粉砂质泥岩(图3-16右边照片)，发育

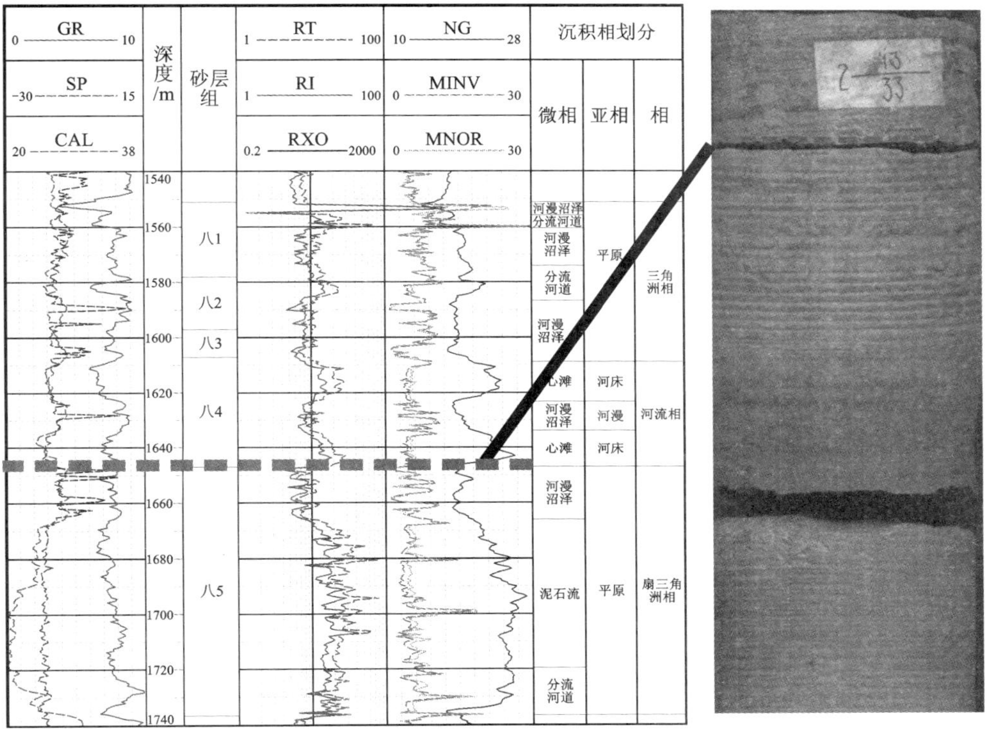

图 3－14 八道湾组 552 井取芯井段 1645.44 m 岩芯相特征

侵蚀面(上部的粉砂岩对下部泥质粉砂岩产生侵蚀作用)。根据岩性组合特征和测井曲线特征可以判断该段岩芯为辫状河三角洲前缘支流间湾沉积。

551 井取芯井段还揭示了八 2 砂层组沉积相类型。八 2 砂层组取芯层段为 1494.25 m，该段取芯含炭屑泥质中－粗砂岩(图 3－16 左边照片)，砂岩的分选性较差，应为近物源条件下快速沉积的。电阻率测井相显示该段取芯为指状高电阻率，应为突发性洪水期形成的一套砂岩。由于 551 井靠近克乌断裂带，距物源较近，因此，符合沉积期的构造背景。根据岩性特征和测井相可以判断该段取芯应为辫状河三角洲前缘决口扇沉积。决口扇位于水下分流河道间，洪水期常有决口砂体沉积其间。

551 井八 1 砂层组取芯揭示了其沉积相类型，八 1 砂层组取芯深度为 1479.05 m 和 1474.66 m。该段取芯岩性以灰色块状含砾粗砂岩为主，砾石按磨圆度分为次棱角状和次圆状，分选性较差(图 3－17)，砾石成分为岩浆岩。岩芯中还含有炭屑，泥质含量较高，表明该段岩芯为近物源快速沉积。该段岩芯电阻率测井曲线

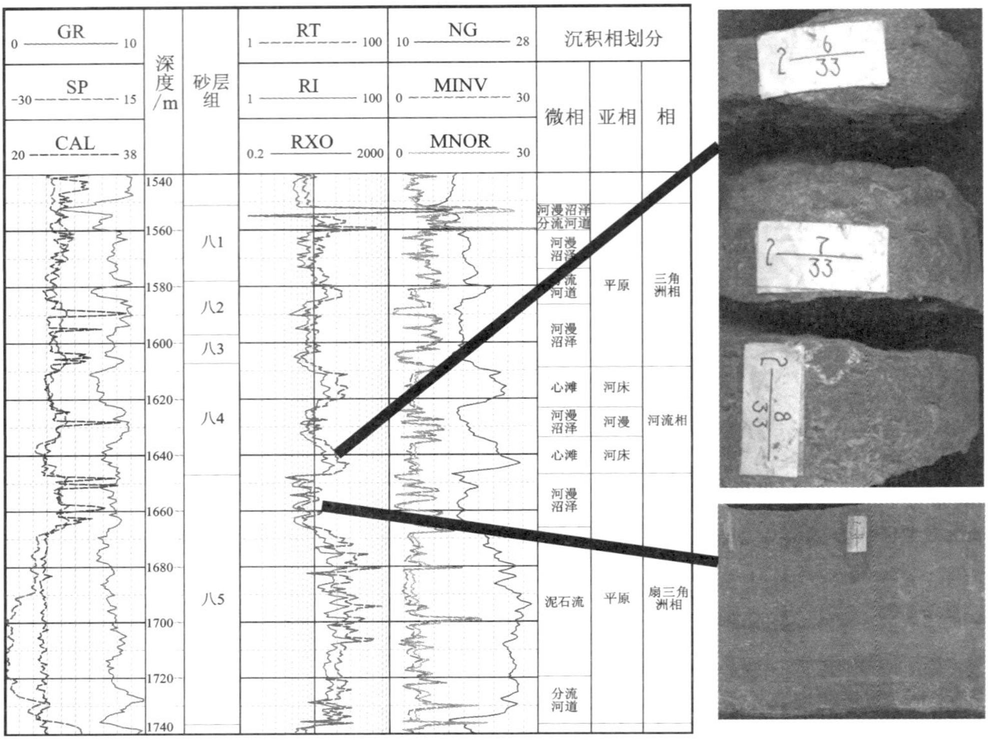

图 3-15　八道湾组 552 井取芯井段 1644.56 m 和 1645.97 m 处岩芯相特征

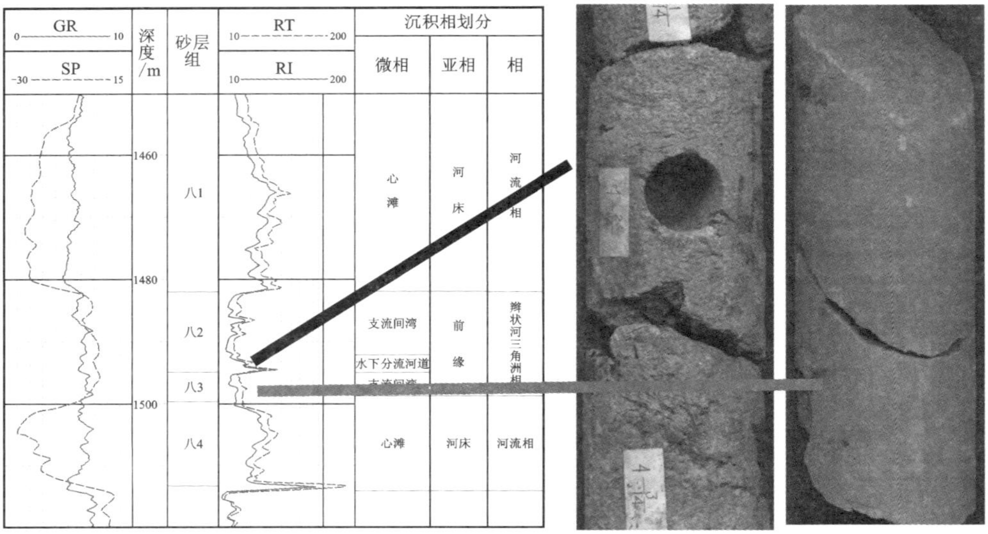

图 3-16　八道湾组 551 井取芯井段 1498.61 m 和 1494.25 m 处岩芯相特征(彩图见附录)

包络线呈箱型，因此综合测井相和岩性相，可以判断该段岩芯为河流相沉积。

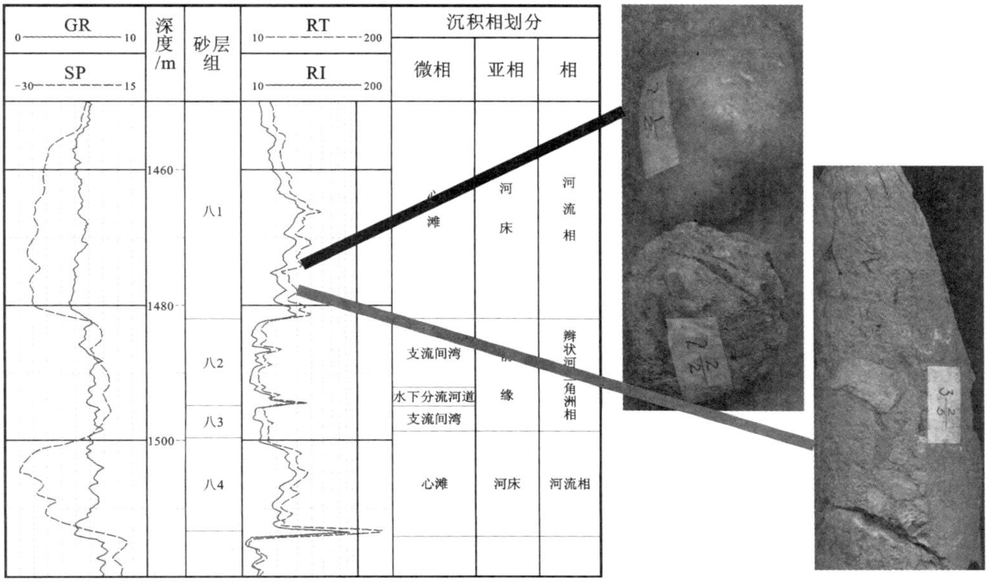

图 3－17　八区八道湾组 551 井取芯井段 1479.05 m 和 1474.66 m 处岩芯相特征(彩图见附录)

(4)八道湾组测井相总结

根据研究区测井资料，总结出八道湾组测井相特征(图 3－18)。八 5 砂层组八 5^2 和八 5^1 砂层的测井相不尽相同。八 5^2 砂层测井相可划分为漏斗型、钟型和指状，八 5^1 砂层测井相可划分为箱型和钟型，少见漏斗型。这与八 5^2 和八 5^1 砂层沉积相类型密切相关。八 5^2 砂层沉积期研究区广泛发育扇三角洲前缘河口沙坝，而八 5^1 砂层沉积期研究区以扇三角洲平原和前缘水下分流河道为主，少见河口沙坝。八 4 砂层组测井相以钟型为主，另外，小的钟型垂向上组合成大的钟型。每一个小的钟型均为一次洪水期形成。大的钟型代表着可容纳空间不断增加，也是旋回的沉积响应。八 4 砂层组的下部砂体和上部砂体均以钟型测井相为主，少见其他类型测井相。八 3 砂层组测井相以指状和漏斗状为主。指状代表着滨浅湖砂坝或沙嘴砂体，而漏斗状则代表着与三角洲前缘砂体有关的沉积，如河口沙坝沉积或三角洲前缘决口扇沉积等。八 2 砂层组以钟型和漏斗型为主，钟型代表着三角洲前缘水下分流河道沉积，而漏斗型则代表着三角洲前缘河口沙坝沉积，这两种测井相常叠置出现。八 1 砂层组测井相以钟型和指状为主。钟型代表着辫状河道沉积，而指状代表着煤层。

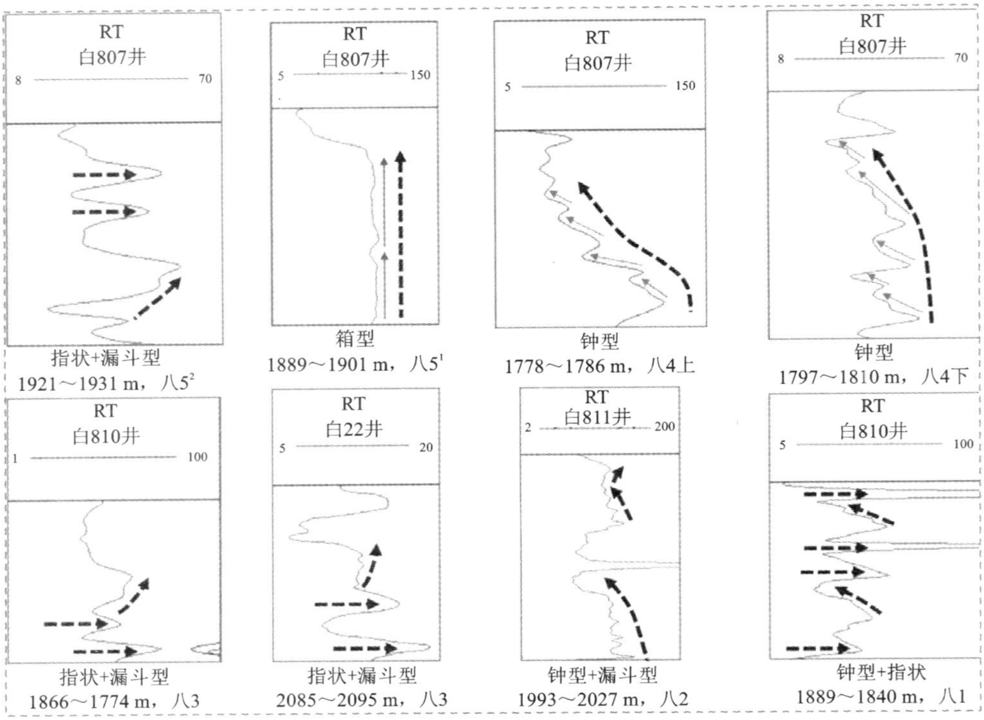

图3－18 八区八道湾组各砂层组测井相类型

3.2.2 地震相分析

地震相是识别沉积相类型和研究沉积相平面分布的重要依据。地震相标志是地震相分析的基础，它必须在一定的地震地层单位内部进行。最终的地震地层单元是层序，它被定义为相对整齐的、成因上有联系的、其顶部和底部以不整合面及与之可对比的整合界面为界的一套地层，主要根据地震剖面上的上超、削蚀及退覆型顶超来划分。在层序内部可进一步细分为准层序组，每个准层序组都具有独特的沉积体系域特征，并以重大海侵面为界，这一界面在地震剖面上表现为很强的连续反射同相轴，并在界面上下伴生有下超和前积型顶超。由于不同准层序组之间存在着沉积体系域的显著差别，因此应以准层序组作为地震相分析的基本地震地层单元。地震相标志是准层序组内部那些对地震剖面的面貌有重要影响、并且具有重要的沉积相意义的地震反射特征。这些地震反射特征一般有三种，分别是地震反射的内部结构，地震反射的外部几何形态，地震反射的振幅、频率、连续性。

(1)地震反射的内部结构

地震反射的内部结构指的是层序内部反射同相轴本身的延展情况以及地震剖面上同相轴之间相互的关系，它是鉴定沉积环境最重要的地震标志，能反映沉积过程、侵蚀作用、古地理、物源方向以及流体界面等。最主要有六种类型的反射结构。

①平行(亚平行)反射结构

它在地震剖面上的表现主要是以反射层平行或微微起伏(近乎平行)为主要特征，主要出现在席状、席状披覆以及充填型单元之中。这种结构的特征代表了均匀沉积、物源相对充足的陆架盆地或者是稳定盆地平原背景下的比较均速的沉积作用。

②发散反射结构

它在地震剖面上的主要表现特征是相邻的两套反射层间距向同一倾斜方向慢慢地变大。即反射层在楔形体收敛的方向上常会出现终止现象(内部收敛)，这种结构一般会出现在楔形单元中，它反映了由于沉积速度的变化造成的不均衡沉积或沉积界面慢慢地开始倾斜，反映沉积时基底的差异沉降，常常出现于盆地边缘、同生断层下降盘或盐丘的翼部，这些部位都是油气聚集比较有利的场所。

③前积反射结构

这种反射结构通常反映携带沉积物水流在往盆地推进的过程中由前积作用所产生，它在剖面上表现为一套倾斜的反射层，与层序顶底界呈角度相交的关系。常常在近端表现为顶超和远端表现为下超。具有前积反射结构特征的基本代表三角洲沉积，其中上部分表示的是浅水沉积，下部分则代表的是深水沉积。前积反射的结构类型主要有五种，如图 3－19 所示。

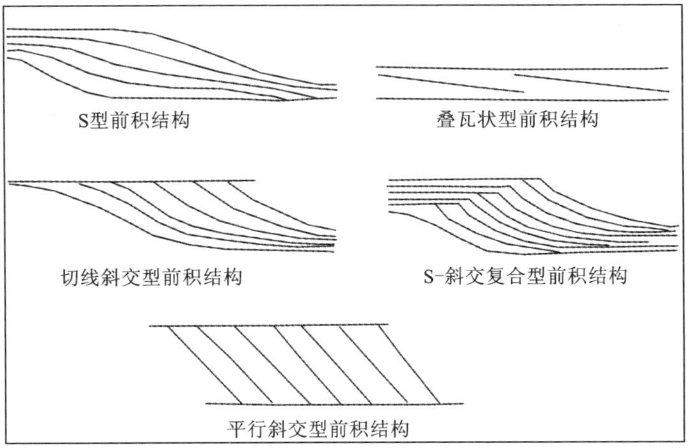

图 3－19　前积结构示意图

A. S 型前积结构。这种前积结构一般具有完整的前积层、顶积层以及底积层。在地震剖面上的特征主要表现为中间厚两边薄的梭状。它的连续性较好，振幅比较强，意味着其沉积环境的水流能量相对比较低，沉积物的供给速度比较低而且盆地沉降较快，水面的上升比较迅速，整个前积层保存的相对完整。

B. 斜交型前积反射结构。它主要包括切线斜交型和平行斜交型二种。对切线斜交型前积而言，它的特点是没有顶积层，但是有前积层和底积层。而平行斜交型前积仅仅只有倾斜的前积层，具有高角度的上超，它是由很多相对倾斜且相互之间平行的反射组成。地震剖面上反射连续性不高，振幅也比较弱且周期比较短，向盆地的方向慢慢变窄。相比较这二种不同的斜交型前积，平行斜交型要比切线斜交型的堆积速率更快，其中前者比后者代表的水流能量也更强。

C. 叠瓦状前积结构。这种前积结构也只有前积层，它的表现为在上下二套平行反射之间的一系列的类似叠瓦状的倾斜反射，而且这些倾斜的反射延伸不远，相互之间有部分的重叠。它代表的是一种浅水环境，在此环境下有短期的强水流堆积。

D. S－斜交复合型前积结构。这类前积结构是以斜交型前积反射和 S 型前积反射交叉出现为特征，它是在前积以及过路冲势双重作用下周期性交替造成的。其代表的水流能量要比 S 型高，但是比斜交型前积要低。

④乱岗状反射结构

这种反射结构也可以称之为波状反射结构。它是由连续性差、不规则的亚平行反射层段所组成，常常会看到反射终止和同相轴分叉的现象。乱岗结构波状起伏的幅度比较小，虽然乱但是也有一定的规则的。它代表着分散性弱水流或者是河流之间的堆积。

⑤杂乱状反射结构

这种反射结构是一种不连续、不规则的反射。在剖面上表现为振幅短而强，无规律的形式。这种反射结构极有可能是受到了地层间发生的剧烈活动而产生变形。当然，也有可能是在变化非常不稳定的情况下沉积的。很多地质体比如岩体、盐丘、泥丘、礁也会因为自身内部比较差的成层性或不均质性而形成杂乱反射。

⑥空白或无反射结构

这种反射结构它反映了沉积物在纵向上沉积作用的连续性。之所以会形成空白的反射，主要是缺乏反射界面。

（2）地震反射的外部几何形态

地震反射的外部几何形态常见有席状、楔状、丘状、充填状以及透镜状。席状的形态特征在地震剖面上下二个界面表现接近于平行，厚度相对来说也比较稳定。所以在比较稳定的深湖、半深湖以及前三角洲比较容易见到。楔状反射的形态特征也比较明显，它在地震剖面倾向上厚度有非常明显的变化，逐渐变大，最后地层会突然终止。丘状反射的形态特征是层状地层出现上隆，高出于围岩。而且地层会看到比较明显的凸起。充填状反射的形态特征比较丰富，如图 3－20 所示，主要有 6 种内部充填特征。透镜状反射的形态特征在地震剖面上出现比较少见，大多是小范围出现，最显著的特点是上下两个界面的中间厚度比较大，往两边慢慢地尖灭，外形特征比较明显，呈现出透镜状。

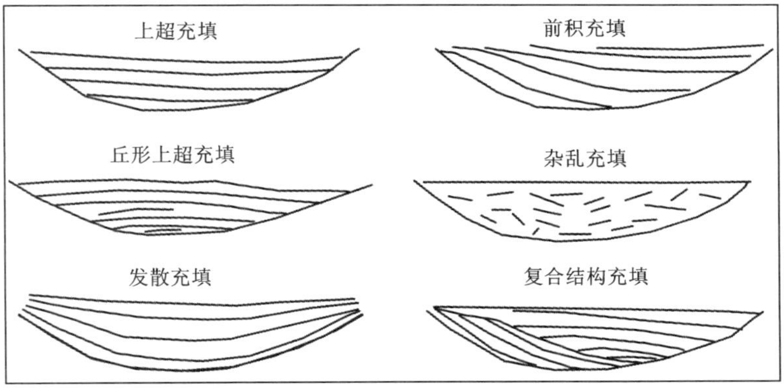

图 3－20　充填特征示意图

(3) 地震反射的振幅、频率、连续性

地震反射振幅的大小一般能反映区域地层上薄层的厚度变化和波阻抗的变化振幅。振幅一般分类为强振幅、中振幅和弱振幅。振幅包含了很多地球物理方面的信息，比如两个反射界面上的岩性以及岩层厚度，也包括孔隙度和其所含的流体性质等。这些信息可以直接检测烃类和预测横向岩性的变化。

地震反射频率的强弱在地震剖面上显示是根据同相轴之间的疏密程度来判断的。频率根据强弱的级别可分为三类：高频、中频、低频。频率横向变化快说明其岩性变化大，属于高能产物，反之则属于稳定或者低能的沉积环境。

地震反射连续性的好坏在地震剖面上显示的是同相轴延续的长短以及它的稳定程度。连续性分类也可以分为三类：连续性好、连续性中等以及连续性差。连续性如果好则表示岩层连续性好，此时的沉积条件是相对比较稳定的低能环境。反之，则与不稳定的沉积环境有关。

除了上面所描述的几种主要的地震相类型外，还有其他的多种参数共同决定了地震相特征的描述。比如地震的层速度、区域的分布关系也能一定程度上反映地震相的特征。影响地震相的参数很多，它们大多代表着一定的地质意义，如表 3－1 所示：

表 3－1　地震相参数及其代表的地质意义

参数	定义	地质意义
内部反射结构	地震剖面上层序内反射同相轴本身的延伸情况及同相轴间的相互关系	层理、沉积过程、古地理、构造运动、侵蚀作用、物源方向、流体界面
外部几何形态	具某种反射结构的地震相单元在三维空间的分布状况	物源、古地理、几何形态、水动力、沉积环境
反射振幅	反射波质点离开它平衡位置的最大位移	岩性、厚度、地层结构、流体性质
反射频率	反射波质点在单位时间内振动的次数	地层厚度、流体成分、岩性变化
波形排列	同相轴排列的形状	沉积环境、地层变化
层速度	某一地层的地震波传播速度	岩性、物性、流体成分

(4)地震相类型

八区八道湾组中八 5 砂层组地震相类型丰富，是识别八 5 砂层组沉积相类型的重要根据。八 5 砂层组总体可识别出以下几种地震相类型：中－强振幅中－高连续性中频亚平行反射结构；中－强振幅中－高连续性中频透镜状反射结构(图 3－21)；弱振幅弱连续性中频亚空白反射结构和中－强振幅中－高连续性中频前积反射结构(图 3－22)等。其中透镜状反射结构主要分布在靠近克乌断裂带下降盘的区域，该反射结构为扇三角洲平原典型的地震反射特征。空白反射常分布在斜坡区，是扇三角洲前缘地震反射特征。而平行－亚平行反射分布在盆地沉积区，是扇三角洲前缘－前扇三角洲地震反射特征。

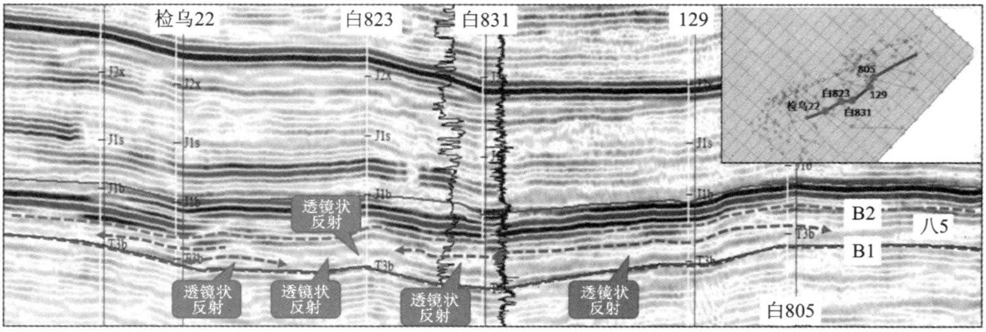

图 3－21　八道湾组垂直物源方向地震剖面中八 5 砂层透镜状反射结构

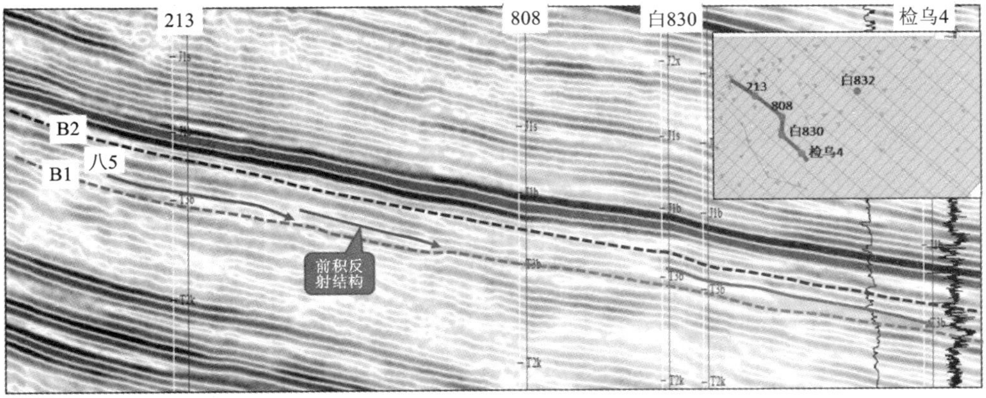

图 3－22　八道湾组平行物源方向地震剖面中八 5 砂层前积反射结构

八 4 砂层组常见强振幅中－高连续性中频透镜反射结构；弱振幅低连续性低频空白反射结构；中－强振幅中－高连续性中－高频亚平行反射结构，其中透镜状反射结构是辫状河道反射特征；空白反射为辫状河河道间反射特征；平行－亚平行反射结构为辫状河三角洲平原－前缘的反射结构(图 3－23)。

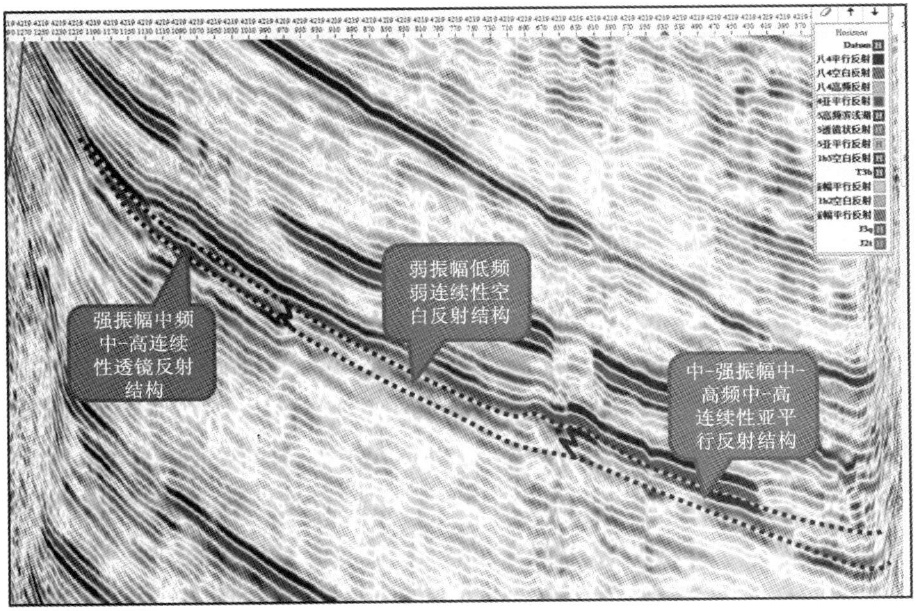

图 3－23　八道湾组八 4 砂层组地震相特征(彩图见附录)

八 3 砂层组常见强振幅中频高连续性平行反射结构、弱振幅中 - 高频中连续性亚平行反射结构、弱振幅低频弱连续性空白反射结构。其中，强振幅平行反射结构为辫状河三角洲前缘水下分流河道 - 河口沙坝的地震反射特征；弱振幅亚平行反射结构为辫状河三角洲前缘支流间湾 - 决口扇地震反射特征；而空白反射则为半深湖 - 深湖地震反射特征。

八 1 砂层组常见中振幅中频弱 - 中连续性透镜反射结构和中 - 强振幅中频中 - 高连续性亚平行反射结构。其中，透镜反射结构主要分布在靠近克乌断裂带下降盘一侧，为辫状河流相沉积；亚平行反射结构是八区斜坡区常见的反射特征，为辫状河三角洲平原地震反射特征(图 3 - 24)。

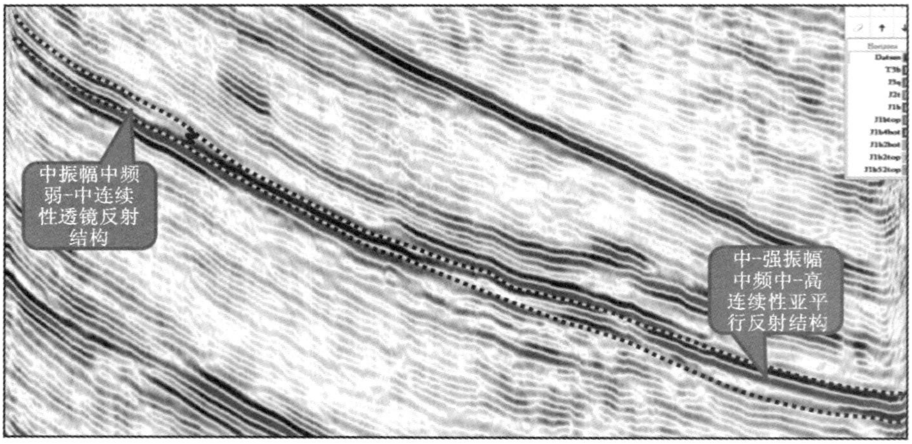

图 3 - 24　八道湾组八 1 砂层组地震相特征(彩图见附录)

(5)地震相展布

在研究区三维地震区地震层位解释的基础上，识别地震剖面地震相类型，并勾画地震相平面图。

八 5^2 砂层：该砂层可识别出 2 种地震相类型：弱振幅弱连续性中频亚平行 - 空白反射结构和中振幅中 - 高连续性中频透镜反射结构。其中，中振幅中 - 高连续性中频透镜反射结构主要分布在研究区西北部，克乌断裂带以东，200—389—529—白 810—白 809—白 805—451 井一线以西，而弱振幅弱连续性中频亚平行 - 空白反射结构分布在 200—389—529—白 810—白 809—白 805—451 井一线以东(图 3 - 25)。

八 5^1 砂层：该砂层可识别出 4 种地震相类型：中振幅中频中 - 高连续性透镜反射结构、弱振幅中频弱连续性亚平行 - 空白反射结构、中 - 强振幅中频中 - 高

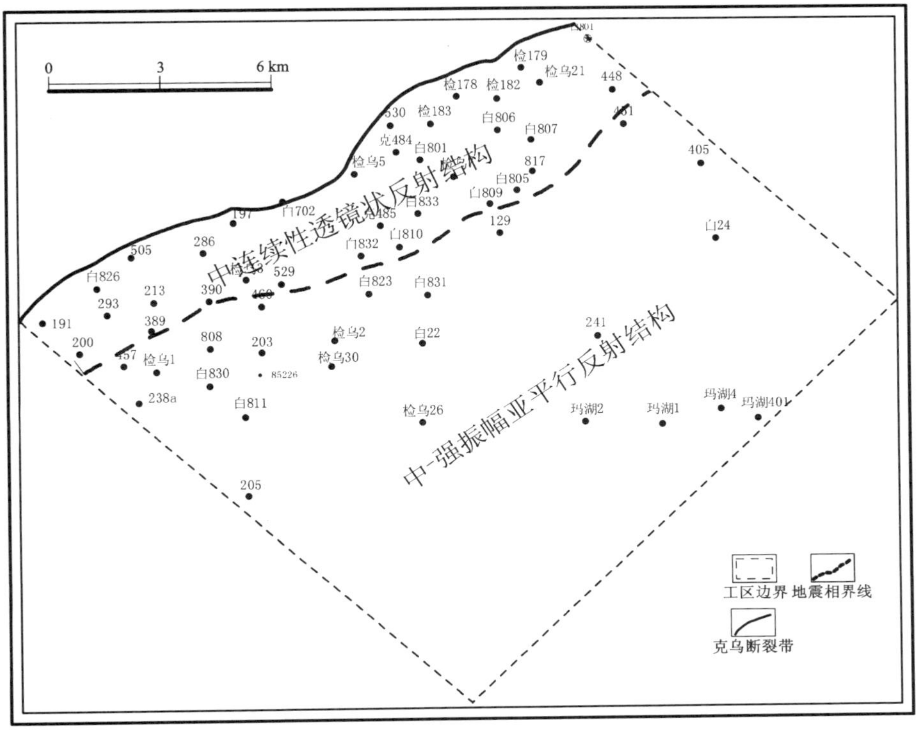

图 3-25 八道湾组八 5^2 砂层组地震相平面分布

连续性亚平行结构和中振幅中-高频高连续性平行结构。其中，中振幅中频中-高连续性透镜反射结构分布在克乌断裂带以东，808—460—检乌 6—白 823—白 22—白 24 井一线以西。而弱振幅中频弱连续性亚平行-空白反射结构分布在 808—460—检乌 6—白 823—白 22—白 24 井一线以东，205—玛湖 2—玛湖 1 井一线以西。中振幅中-高频高连续性平行结构分布在 205—玛湖 2—玛湖 1 井一线以西。

八 4 砂层组：该砂层组可识别出 3 类地震相：强振幅中频中-高连续性透镜反射结构、弱振幅低频弱连续性空白反射结构和中-强振幅中-高频中-高连续性亚平行反射结构等。其中，强振幅中频中-高连续性透镜反射结构分布在克乌断裂带以东，204—白 830—检乌 2—白 22—241 井一线以西的区域。弱振幅低频弱连续性空白反射结构分布在 204—白 830—检乌 2—白 22—241 井一线以东，205—检乌 26—玛湖 2—玛湖 1 井一线以西。中-强振幅中-高频中-高连续性亚平行反射结构分布在 205—检乌 26—玛湖 2—玛湖 1 井一线以东的区域(图 3-26)。

八 2 砂层组：该砂层组可识别出 3 类地震相：强振幅中频高连续性平行反射

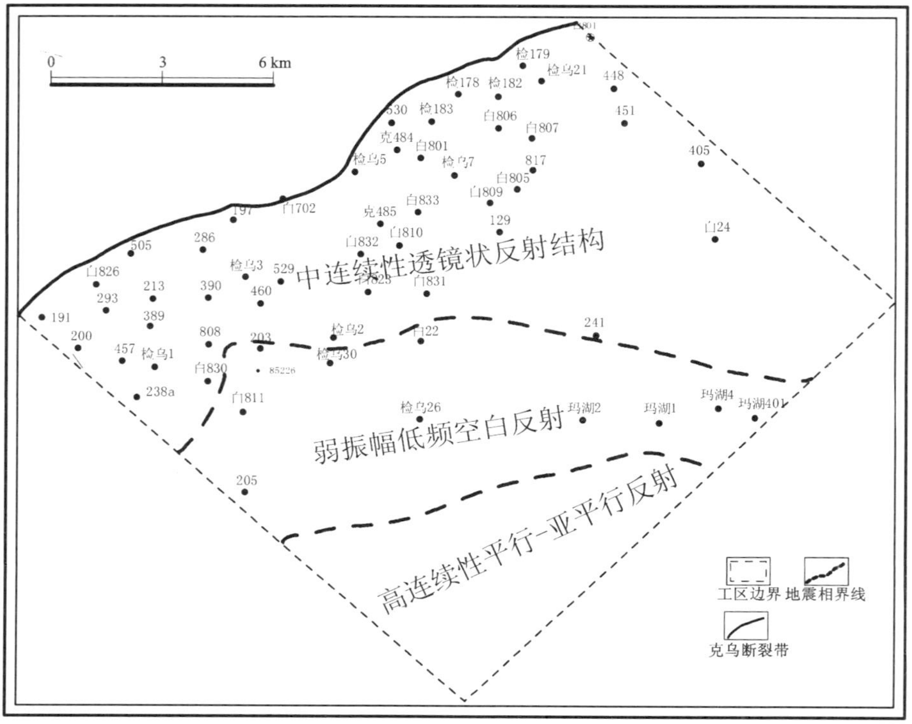

图 3-26　八道湾组八 4 砂层组地震相平面分布

结构、弱振幅中-高频中连续性亚平行反射结构和弱振幅低频弱连续性空白反射结构。其中，强振幅中频高连续性平行反射结构分布在克乌断裂带以东，205—检乌 26—白 823—白 832—克 485 井一线以西；以及 174—白 833—129—白 805—白 818—白 802 井一线以西，克乌断裂带以东的区域。弱振幅低频弱连续性空白反射结构仅分布在研究区东南部检 26 井以南的区域(图 3-27)。

八 1 砂层组：该砂层组可识别出 2 种地震相：中振幅中频弱-中连续性透镜反射结构和中-强振幅中频中-高连续性亚平行反射结构。其中中振幅中频弱-中连续性透镜反射结构分布在克乌断裂带以东，238a—388—203—白 832—检乌 7—白 807 等井一线以西。中-强振幅中频中-高连续性亚平行反射结构分布在 238a—388—203—白 832—检乌 7—白 807 等井一线以东(图 3-28)。

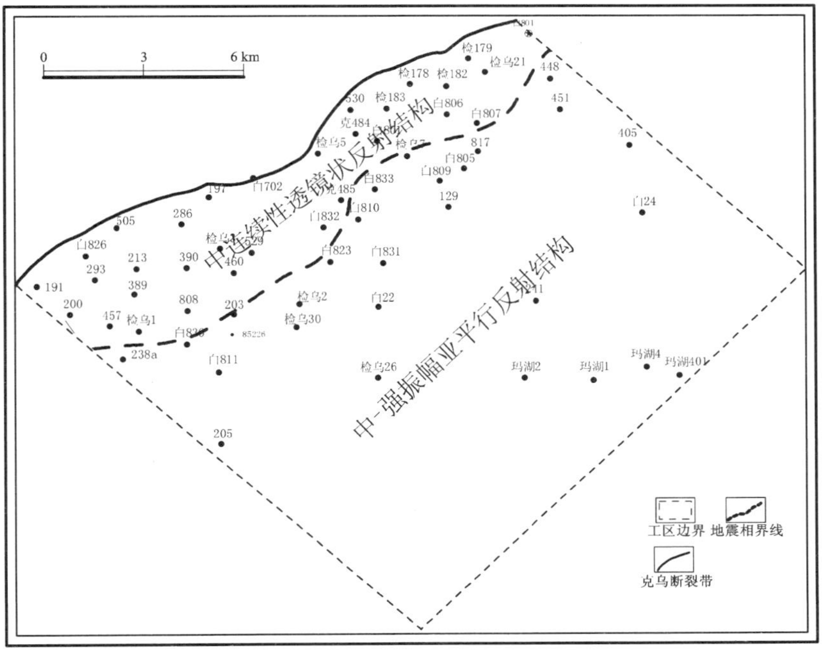

图 3-27 八道湾组八 2 砂层组地震相平面分布

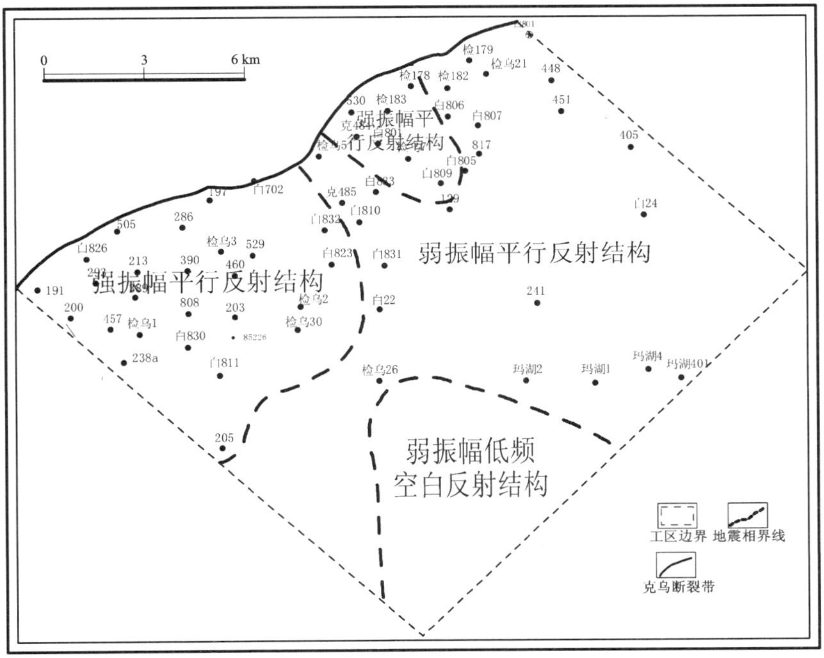

图 3-28 八道湾组八 1 砂层组地震相平面分布

3.3 单井沉积相划分

在岩芯相、测井相和地震相分析的基础上，总结出研究区八道湾组沉积相类型，具体包括：扇三角洲相、辫状河流相、湖泊相和辫状河三角洲相(图 3－29)。

(1)八 5 砂层组

八 5 砂层组沉积厚度大、粒度粗，且分选性差，以基底式胶结为主，因此，八 5 砂层组以扇三角洲相为主。但是，八 5 砂层组岩性复杂，具有泥质含量高，砾岩含量高的特点。八 5^2 和八 5^1 砂层测井相类型也存在较大差异，八 5^2 砂层以齿化漏斗状为主，兼有钟型(具钟型测井曲线的井主要分布在靠近克乌断裂带的区域)。八 5^1 砂层以中－细砾岩为主，分选性差，厚度大，测井相以箱型和钟型为主。因此，根据八 5 砂层组各砂层的岩芯相和测井相，认为八 5^2 砂层沉积相类型以扇三角洲相前缘亚相河口沙坝微相为主，靠近物源区则以扇三角洲平原泥石流沉积为主。八 5^1 砂层则以扇三角洲平原泥石流为主，另外，在八 5 砂层组的顶部还发育有厚约 8 m 的泥岩。该泥岩中发育砂纹层理和波状层理，其沉积相类型为湖泊相滨浅湖亚相。

(2)八 4 砂层组

八 4 砂层组岩芯以具平行层理中砂岩为主，测井相以钟型为主，兼有箱型。地震剖面中八 4 砂层组底部常见侵蚀沟谷，因此，综合分析认为八 4 砂层组以辫状河流相为主。在斜坡区的东部八 4 砂层组中泥质含量明显增大，测井相变为齿化钟型，沉积相类型变为辫状河三角洲相。

(3)八 3 砂层组

八 3 砂层组以泥岩和粉砂质泥岩为主，部分井可见薄层砂岩，未见煤层。测井相以指状为主，且具有低电阻的特征。该砂层组的沉积相类型为湖泊相。

(4)八 2 砂层组

八 2 砂层组岩芯中可见含炭屑泥质中砂岩，但不含砾石(靠近克乌断裂带的 551 井)。测井相以钟型和漏斗型为主，也可见少量指状。综合分析认为，该砂层组以辫状河三角洲前缘水下分流河道、河口沙坝和支流间湾为主。

(5)八 1 砂层组

岩芯资料中八 1 砂层组以含砾粗砂岩和泥岩为主，夹有煤层。测井相以钟型、箱型和指状为主。根据岩芯资料和测井相分析认为该砂层组沉积相类型为辫状河流相和辫状河三角洲相。其中，辫状河三角洲相以平原亚相分流河道和沼泽微相最为发育。

(6)沉积相演化及湖平面变化规律

根据沉积相类型分析可知：八 5^1 砂层组以扇三角洲前缘沉积为主，而八 5^2

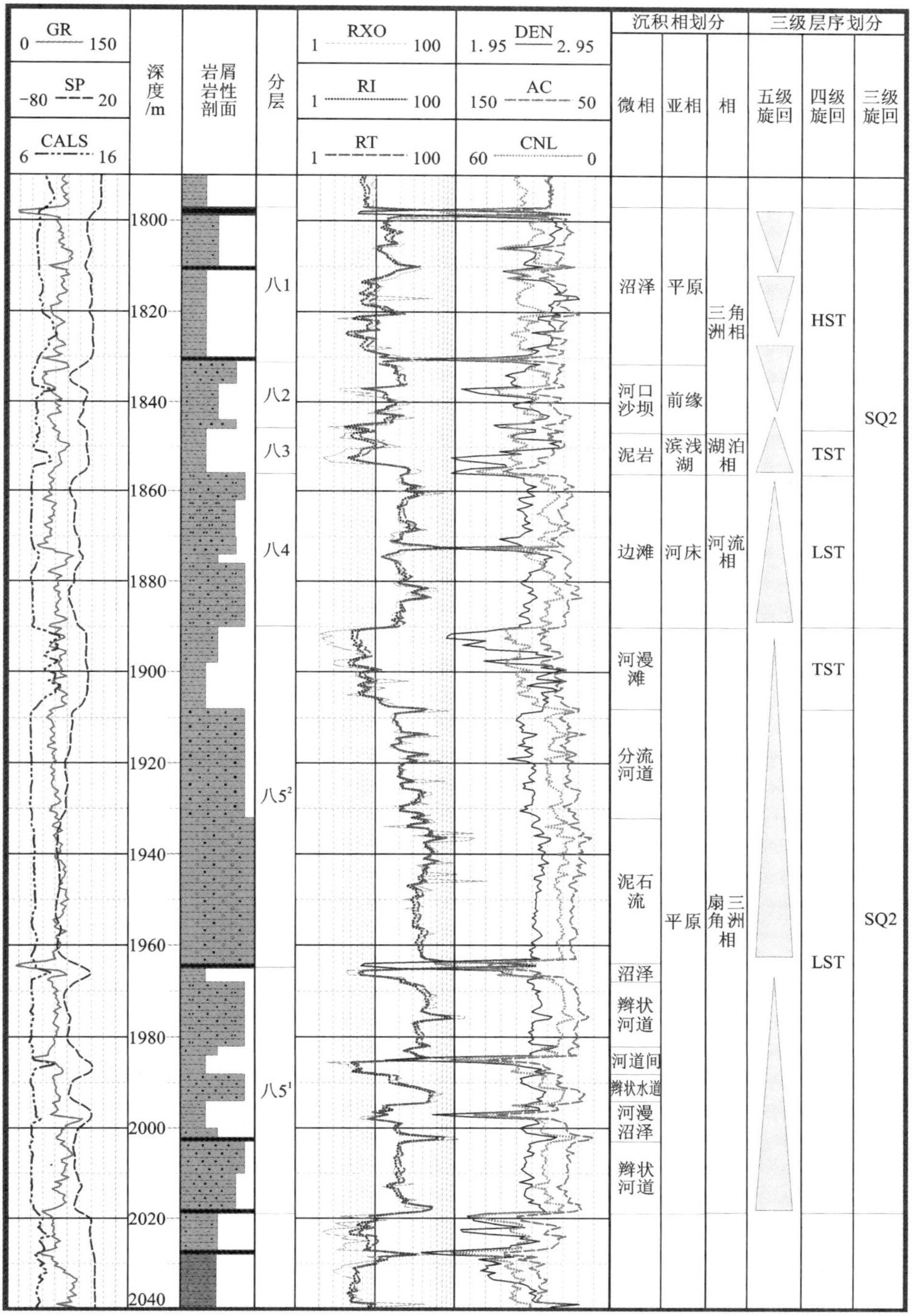

图3-29 八道湾组沉积相类型划分柱状图(彩图见附录)

砂层以扇三角洲平原沉积为主，因此，由八 5^1 至八 5^2 砂层湖平面略有下降，但八5砂层组整体上以湖平面低位期沉积为主。值得注意的是在八5砂层组顶部发育一套泥岩，该泥岩为滨浅湖沉积，且该泥岩在全区范围内稳定分布，因此，该泥岩应为湖侵期沉积。正是由于该湖侵期的湖平面上升，才使得物源远离研究区，因此，砂砾岩不发育。根据层序地层学原理，湖侵体系域之上应为高位体系域，但研究区却不发育该体系域，这主要是由于八5砂层组沉积后，研究区发生构造抬升作用，使原本沉积的高位体系域被侵蚀殆尽。这一点可以从地震剖面中反映出来。地震剖面中，八4砂层组底部广泛发生侵蚀作用，使下伏地层发育不全。

八4砂层组沉积期研究区可容纳空间增加，八4砂层组底部的侵蚀沟谷开始沉积，由于距离物源较近，物源供应充分，因此研究区广泛发育辫状河流相，而远离物源的区域则发育辫状河三角洲相。因此，该砂层组沉积期湖平面依然较低，研究区多位于湖盆坡折带以上。

八3砂层组沉积期是一次湖侵的过程，研究区广泛发育湖泊相滨浅湖泥岩和粉砂质泥岩沉积。虽然该砂层组厚度较小，但仍代表一次湖平面上升的过程。

八2砂层组广泛发育辫状河三角洲前缘沉积，该沉积过程是可容纳空间下降的反应，具体变现为沉积厚度增大和沉积粒度变粗，这一点从岩芯和测井资料中均能得到证实。因此，该砂层组沉积期湖平面开始逐渐下降。

八1砂层组沉积期以辫状河流相和三角洲平原沉积为主，研究区广泛发育的煤层代表该砂层组沉积期研究区基本位于湖平面以上，因此，由八2砂层组的三角洲前缘过渡到八1砂层组的三角洲平原，湖平面是逐渐下降的，且沉积物不断向盆地内推进。

因此，总体来看，由八 5^2 至八 5^1 砂层上部，是湖平面上升的过程。由八4砂层组至八3砂层组是湖平面上升的过程，由八3至八1砂层组是湖平面不断下降的过程。湖平面变化明显受到构造作用、气候和物源的影响。

3.4 连井沉积相对比

在沉积相单井分析的基础上，作出沉积相单井柱状图，共涉及30口井。根据单井柱状图作出沉积相连井剖面，分析沉积相平面分布情况。本次研究共作出12条连井对比剖面，其中平行于物源方向的纵剖面7条（自南向北分别命名为NW1、NW2、NW3、NW4、NW5、NW6、NW7），垂直于物源方向的横剖面5条（自西向东分别命名为NE1、NE2、NE3、NE4、NE5）。剖面对比情况详述如下：

(1)NW1剖面：该剖面共包括4口井，由北向南东分别为检69、457、204和检乌27等井（图3-30）。

八 5^2 砂层：检69井为扇三角洲相平原泥石流沉积，向457、204和检乌27井

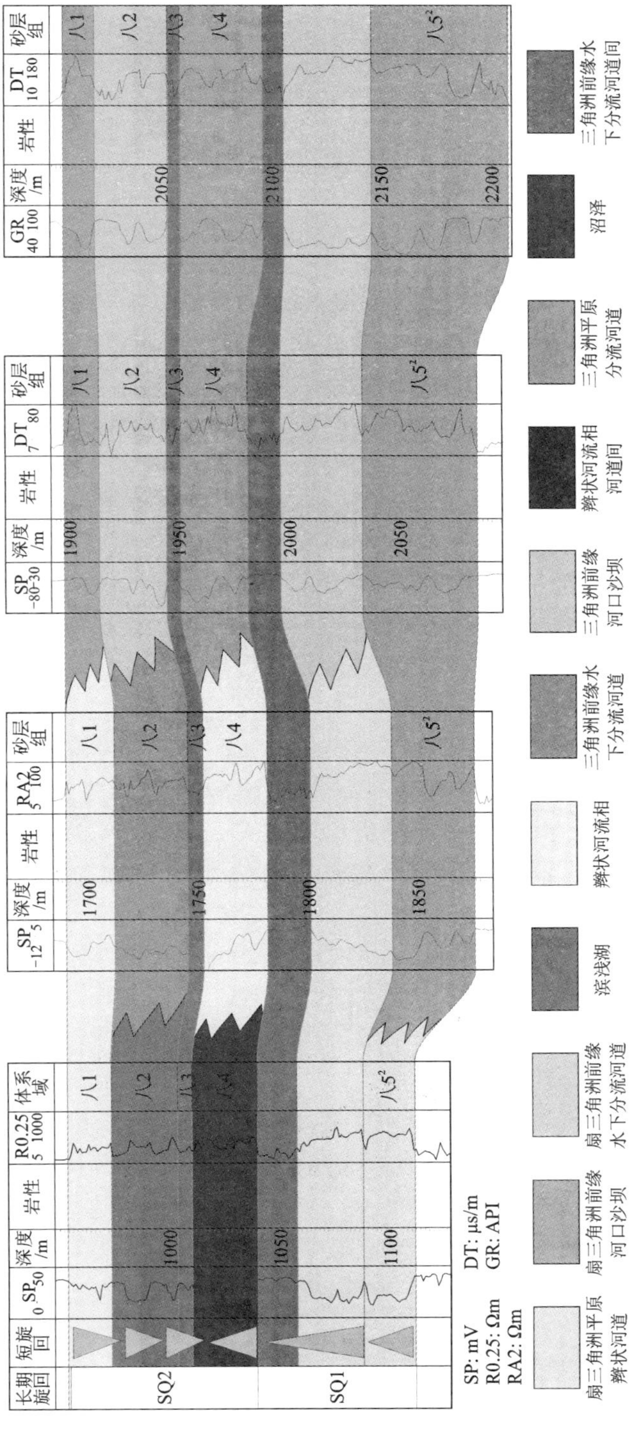

图3-30 八道湾组沉积相连井对比剖面(NW1)(彩图见附录)

相变为扇三角洲前缘河口沙坝沉积。这种沉积相变化通过测井相可以清晰地反映出来。检69井测井相为箱型，而457、204和检乌27井变为漏斗型。箱型测井曲线常对应近物源区快速沉积，应为扇三角洲平原泥石流沉积，而漏斗型为扇三角洲前缘河口沙坝典型的测井相。因此，根据测井相可以将该剖面划分为扇三角洲平原和前缘2个亚相。

八5^1砂层：剖面中该砂层可识别出2个微相，扇三角洲平原泥石流和前缘水下分流河道。泥石流沉积分布在检69和457井，而水下分流河道分布在204和检乌27井。测井相类型的变化可以反映出这种沉积相类型的变化，检69和457井测井相以箱型和钟型为主，向204和检乌27井变为钟型，且砂泥比降低。

八4砂层组：该剖面可识别出辫状河流相和辫状河三角洲相。检69井测井相为箱型，但砂泥比较低，划为辫状河流相河道间，457井为辫状河流相河道，测井相为钟型。204和检乌27井测井相虽然也呈钟型，但是砂泥比较低，因此根据测井相、砂泥比以及沉积相相序递变规律，204和检乌27井沉积相类型应为辫状河三角洲平原分流河道。

八2砂层组：该剖面可以识别出辫状河三角洲前缘支流间湾、水下分流河道以及河口沙坝。其中，前缘支流间湾分布在检69井，砂泥比低。水下分流河道分布在457井，测井相以钟型为主。河口沙坝分布在204和检乌27井中，测井相呈漏斗型，为河口沙坝典型的测井相。

八1砂层组：该剖面可以识别出辫状河流相和辫状河三角洲相。辫状河流相分布在检69和457井中，测井相以钟型为主，向204和检乌27井相变为辫状河三角洲相，测井相以钟型为主，但砂泥比较小。

（2）NW2剖面：该剖面共包括5口井，由北向南东分别为193、213、388、白811和检乌4等井（图3－31）。

八5^2砂层：该砂层可识别出扇三角洲平原和前缘，扇三角洲平原泥石流沉积主要在193和213井中，其测井相呈箱型和钟型。扇三角洲前缘分布在388、白811和检乌4井中，其测井相呈漏斗型，因此，应为河口沙坝微相。

八5^1砂层：该砂层可识别出扇三角洲平原泥石流和扇三角洲前缘水下分流河道。泥石流沉积主要分布在193和213井，测井相呈箱型和钟型。河口沙坝分布在388、白811和检乌4井，测井相呈箱型和钟型，但砂泥比较低。

八4砂层组：该砂层组均为辫状河流相，测井相呈钟型或复合钟型。

八2砂层组：该砂层组沉积相类型包括辫状河三角洲前缘水下分流河道以及支流间湾。支流间湾分布在193井周围，砂泥比较低。水下分流河道测井曲线呈钟型，砂泥比较支流间湾高。

八1砂层组：该砂层组可识别出辫状河道间、辫状河流相心滩以及辫状河三角洲等沉积相类型。其中，辫状河道间分布在193井，测井曲线呈钟型，但砂泥

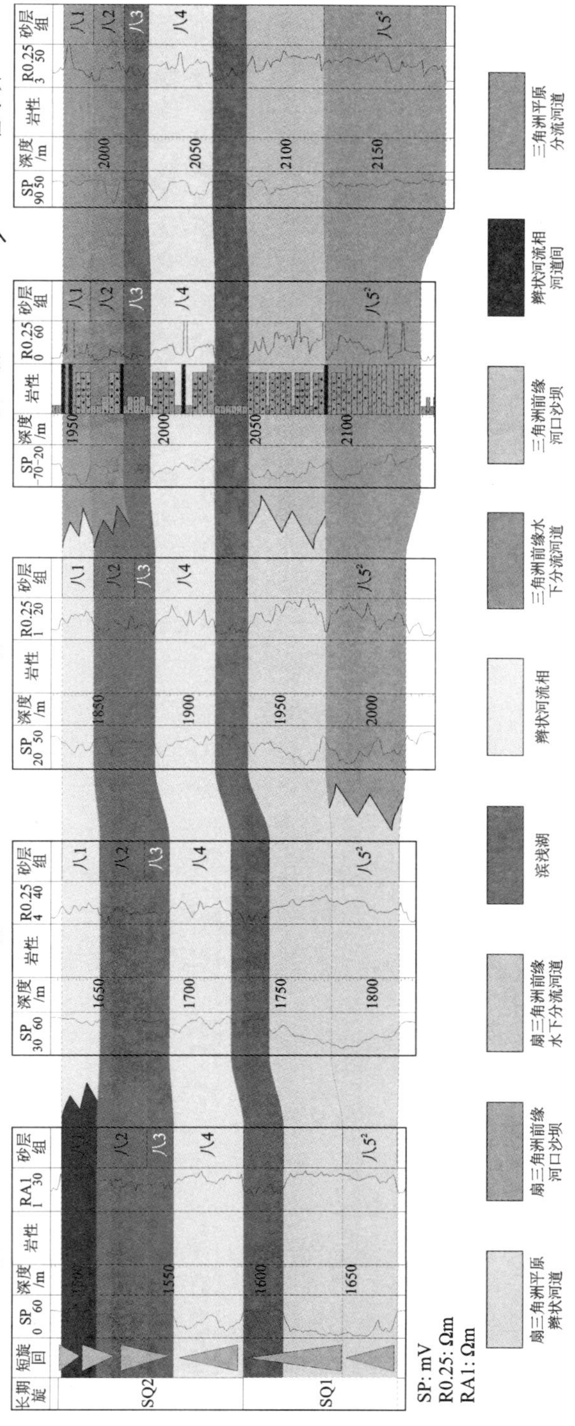

图3-31 八道湾组沉积相连井对比剖面(NW2)

比较低。辫状河流相沉积分布在213和388井，测井曲线呈钟型，砂泥比值较大。辫状河三角洲相分布在白811和检乌4井，测井曲线呈钟型，但砂泥比值至较低，且煤层较发育。

(3)NW3剖面：该剖面共包括5口井，由北向南东分别为152、检乌3、检乌30、检乌26和玛湖1等井(图3-32)。

八5^2砂层：该砂层可识别出扇三角洲平原和前缘河口沙坝，扇三角洲平原泥石流沉积主要部分在152井，其测井相呈钟型。三角洲前缘河口沙坝沉积分布在检乌3、检乌30、检乌26和玛湖1井等，其测井曲线呈漏斗型。

八5^1砂层：该砂层可识别出扇三角洲平原泥石流和扇三角洲前缘河口沙坝。泥石流沉积主要分布于152、检乌3、检乌30等井，测井相呈箱型和钟型。河口沙坝分布在检乌26和玛湖1等井，测井相呈漏斗型。

八4砂层组：该砂层组发育辫状河流相、辫状河三角洲平原和前缘等。其中，辫状河流相分布在152、检乌3和检乌30等井，测井曲线呈钟型，砂泥比较高。辫状河三角洲相分布在检乌26井，测井曲线呈钟型，砂泥比相对较低。前缘亚相分布在玛湖1井，砂泥比较低，测井曲线呈钟型。

八3砂层组：主要发育辫状河三角洲前缘水下分流河道、支流间湾和湖泊相滨浅湖等沉积。其中，辫状河三角洲相水下分流河道分布在152、检乌30和检乌26等井中，测井曲线呈钟型，砂泥比较高。支流间湾分布在检乌3井，砂泥比值较小。湖泊相滨浅湖亚相分布在玛湖1井，砂泥比值最低。

八1砂层组：主要发育有辫状河流相、辫状河河道间、辫状河三角洲平原、辫状河三角洲前缘分流河道等。其中，辫状河流相分布在检乌3井，测井曲线呈钟型。河道间沉积分布于152井周围，砂泥比值较小。辫状河三角洲平原分布于检乌26和检乌30等井，测井曲线呈钟型，砂泥比值较小，且发育煤层。辫状河三角洲相前缘水下分流河道亚相分布于玛湖1井，测井曲线呈钟型，砂泥比值较辫状河三角洲平原高。

(4)NW4剖面：该剖面共包括4口井，由北向南东分别为检56、白832、白831和241等井。

八5^2砂层：该砂层发育扇三角洲平原和前缘亚相，其中平原亚相主要为泥石流沉积，而前缘亚相为水下分流河道沉积。泥石流分布在检56井周围，测井曲线呈箱型。而水下分流河道沉积分布在白832、白831和241等井周围，测井曲线形态呈钟型，且齿化严重。

八5^1砂层：该砂层可识别出扇三角洲平原泥石流和扇三角洲前缘河口沙坝。其中，泥石流分布于检56，白832、白831等井周围，测井曲线呈箱型和钟型，砂泥比值高。河口沙坝分布于241井，测井曲线呈钟型，齿化严重，砂泥比值较低。

八4砂层组：该砂层组仅识别出辫状河流相，测井曲线呈钟型或复合钟型。

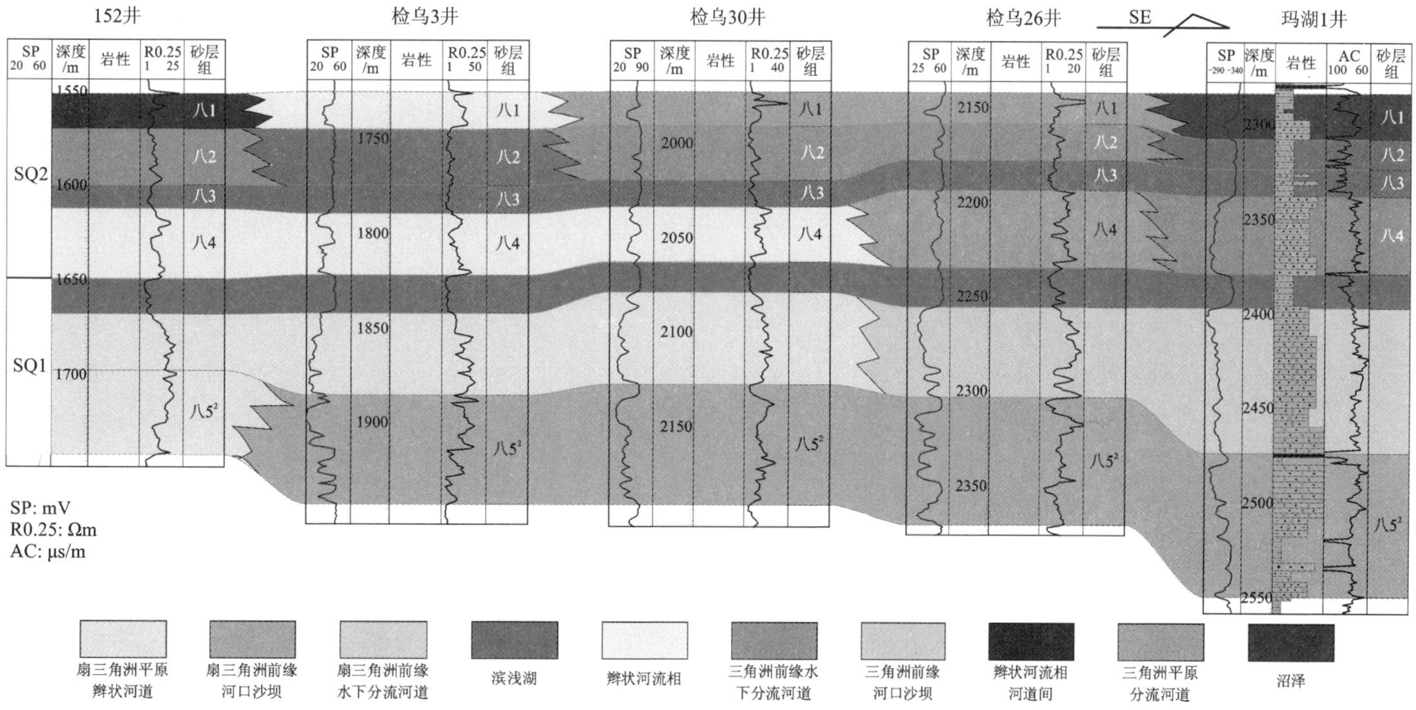

图3-32 八道湾组沉积相连井对比剖面(NW3)(彩图见附录)

砂泥比值较高。

八2砂层组：该砂层组可识别出辫状河三角洲前缘支流间湾、水下分流河道和湖泊相滨浅湖亚相。其中，支流间湾分布于检56井和白831井，砂泥比值低，测井曲线齿化严重。水下分流河道分布于白832井，测井曲线呈箱型，砂泥比值高。湖泊相滨浅湖亚相砂泥比值低，测井曲线呈指状。

八1砂层组：该砂层可识别出辫状河流相、辫状河三角洲平原分流河道以及沼泽微相。辫状河流相分布于检56井，测井曲线呈钟型，砂泥比值较高。河道间分布于白832和白831等井中，砂泥比值低，且含2层煤层。分流河道分布于241井，测井曲线呈钟型，砂泥比值较河道间高。

(5) NW5剖面：该剖面共包括3口井，由北向南东分别为461、白833和129等井。

八5^2砂层：该砂层可识别出扇三角洲平原泥石流沉积、前缘水下分流河道以及河口沙坝沉积。其中，泥石流分布于461井，测井曲线呈钟型，砂泥比值较高。分流河道分布于白833井，测井曲线呈箱型，河口沙坝分布于129井，测井曲线呈漏斗型和钟型。由461井至129井，砂泥比值逐渐降低。

八5^1砂层：该砂层仅识别出扇三角洲平原泥石流，测井曲线呈箱型和钟型，砂泥比值均较高。

八4砂层组：可识别出辫状河流相心滩和河道间，其中心滩沉积分布于461和129井，测井曲线呈箱型和钟型。而河道间分布于白833井，测井曲线齿化严重。

八2砂层组：仅识别出了辫状河三角洲前缘水下分流河道，测井曲线呈钟型，中等齿化，砂泥比值较低。

八1砂层组：可识别出辫状河流相、辫状河三角洲平原沼泽和分流河道微相。其中，辫状河流相分布于461井，测井曲线呈钟型，砂泥比值较高。辫状河三角洲平原沼泽分布于白833井，测井曲线呈钟型，齿化严重。分流河道微相分布于129井，测井曲线呈钟型，砂泥比值较沼泽高，较河流相低。

(6) NW6剖面：该剖面共包括5口井，由北向南东分别为白808、401、白803、白805和白24等井。

八5^2砂层：该砂层可识别出扇三角洲平原泥石流沉积、前缘河口沙坝沉积。其中，泥石流主要分布在白808、401、白803和白805等井，测井曲线呈箱型、钟型，中等齿化。河口沙坝分布于白24井，测井曲线呈漏斗型，中等齿化。

八5^1砂层：该砂层可识别出扇三角洲平原泥石流和辫状河道间。其中，泥石流分布于白808、401、白805和白24等井，测井曲线呈箱型和钟型，砂泥比值均高。河道间分布于白803井，测井曲线呈钟型，齿化严重。

八4砂层组：可识别出辫状河流相心滩和河道间等。其中，河道间分布于白

808 井，测井曲线呈齿化箱型，且砂泥比值较低。心滩分布于 401、白 803、白 805 和白 24 等井，测井曲线呈箱型和钟型，砂泥比值较高。

八 2 砂层组：可识别出辫状河三角洲前缘水下分流河道、支流间湾和湖泊相滨浅湖等。其中，水下分流河道主要分布于白 808、白 803 和白 805 等井中，测井曲线呈箱型和齿化箱型，砂泥比值较高。河道间分布于 401 井，测井曲线齿化严重，砂泥比值较低。滨浅湖分布于白 24 井，砂泥比值低。

八 1 砂层组：可识别出辫状河流相心滩和河道间以及辫状河三角洲分流河道等。其中，心滩分布于 401 井，测井曲线呈钟型，中等齿化，河道间分布于白 808 井，齿化严重，砂泥比值低。分流河道微相分布于白 803、白 805 和白 24 等井，测井曲线呈钟型，砂泥比值较低。

(7) NW7 剖面：该剖面共包括 5 口井，由北向南东分别为检 182、452、451 和 405 等井(图 3 - 33)。

八 5^2 砂层：该砂层可识别出扇三角洲平原泥石流沉积、前缘水下分流河道沉积。其中，泥石流主要分布在检 182、452 和 451 等井，测井曲线呈箱型和钟型，中等齿化，且齿化程度由物源向盆地区逐渐增强。水下分流河道分布于 405 井，测井曲线钟型，齿化严重。

八 5^1 砂层：该砂层仅识别出扇三角洲平原泥石流沉积，检 182 井和 452 井测井曲线多呈箱型，弱齿化。451 和 405 井测井曲线多呈钟型，齿化严重。由测井曲线的形态和齿化程度可以判断，由物源区至沉积区，泥质含量逐渐增加，砂质含量逐渐减小。

八 4 砂层组：该砂层组仅识别出辫状河流相河床亚相心滩微相。心滩微相测井曲线呈箱型和钟型，砂泥比值较高，其中箱型主要分布在距离物源区较近的检 182、452 和 451 等井，而距离物源区较远的 405 井测井曲线呈钟型。测井曲线的形态说明距离物源越远，泥质含量有逐渐增加的趋势。

八 2 砂层组：可识别出辫状河三角洲前缘水下分流河道和支流间湾。其中，水下分流河道主要分布于检 182 和 405 井，测井曲线呈箱型，齿化严重，砂泥比值较高。河道间分布于 452 和 451 井，测井曲线齿化严重，砂泥比值较低，另外，该砂层组顶部还具有小型的反旋回，应为河道间分布的决口扇沉积。

八 1 砂层组：可识别出辫状河流相心滩和河道间微相以及辫状河三角洲平原分流河道微相等。其中，心滩分布于 452 井，测井曲线呈钟型，中等齿化，砂泥比较高；河道间分布于检 182 井，测井曲线也呈小型的钟型，齿化严重，砂泥比值低；辫状河三角洲平原分流河道微相分布于 451 和 405 等井，测井曲线呈钟型，砂泥比值较低，另外，砂岩层上覆地层中还发育煤层，应为辫状河三角洲平原沼泽沉积。

(8) NE1 剖面：该剖面共包括 6 口井，由西南向东北分别为 193、552、461、

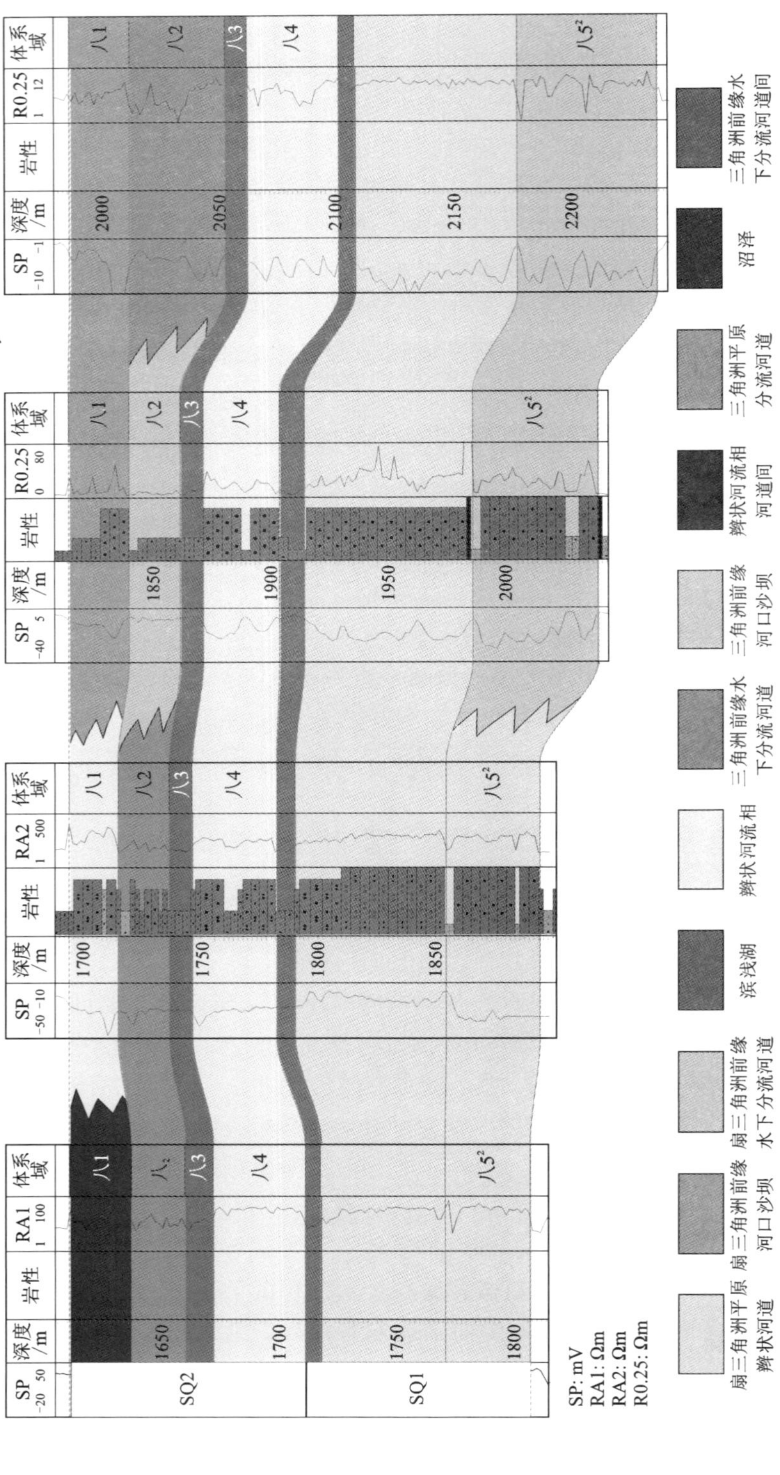

图3-33 八道湾组沉积相连井对比剖面(NW7)

检183、检179和检180等井。

八5^2砂层：该砂层仅可识别出扇三角洲平原泥石流沉积，泥石流测井曲线呈箱型和钟型。研究区西南部193井和552井测井曲线以箱型为主，弱齿化。461和检183井测井曲线以钟型为主，中等齿化。检179和检180井测井曲线以钟型为主，齿化严重。因此，由该剖面可以看出，沉积剖面的西南部地势较高，沉积物泥质含量较少；剖面东北部地势相对较低，沉积物泥质含量较高。测井曲线也可以反映出这种地势的变化，剖面西南部测井曲线以箱型为主，表明沉积物具物源近，泥质含量低，沉积物堆积速度快；而剖面东北部沉积物堆积速度相对较慢，泥质含量高。

八5^1砂层：该砂层仅可识别出扇三角洲平原泥石流微相和前缘河口沙坝微相。其中泥石流沉积主要分布在193井、552井、461井、检183和检180等井，而河口沙坝沉积主要分布在检179井。泥石流沉积测井曲线以箱型为主，钟型次之，除检180齿化较严重外，其他井的测井曲线呈弱-中等齿化。该剖面仍然体现出古地貌西南高而东北较低的格局。

八4砂层组：该砂层组仅识别出辫状河三角洲相河床亚相心滩微相。该剖面测井曲线以钟型为主，弱-中等齿化。检180井该砂层组下部河道不发育，其他井均发育至少2期河道沉积，形成2套砂体，每套砂体均呈下粗上细正韵律。砂体间充填河道间泥岩，岩芯显示该套泥岩为块状棕红色，为暴露氧化环境形成。

八2砂层组：剖面中该砂层组可识别出辫状河三角洲水下分流河道和支流间湾微相。其中水下分流河道微相分布在552井、461井和检180等井中，其测井相呈齿化钟型，砂泥比较高。支流间湾分布在193井、检183井和检179等井中，测井曲线呈小型的反旋回，齿化严重，应为支流间湾中决口扇微相。

八1砂层组：可识别出辫状河流相河床亚相心滩微相和河道间微相以及辫状河三角洲平原沼泽微相。其中，心滩微相主要分布在552井、461井、检183和检179等井，河道间微相分布在193井，而沼泽微相分布在检180井。心滩测井曲线多呈钟型，砂泥比较高；河道间测井曲线齿化严重，砂泥比较低；沼泽微相砂泥比较低。

(9)NE2剖面：该剖面共包括6口井，由西南向东北分别为200、390、检乌6、白833、452和397等井(图3-34)。

八5^2砂层：该砂层可识别出扇三角洲平原泥石流和河道间，泥石流测井曲线多呈箱型，钟型次之。研究区西南部200和390井测井曲线以钟型为主，中等齿化，砂泥比较大。452井和397井测井曲线以箱型为主，中等齿化，砂泥比较大。检乌6井和白833井测井曲线以钟型为主，齿化严重，因此，检乌6—白833井一线泥质含量高，应为河道间沉积区。

八5^1砂层：该砂层仅可识别出扇三角洲平原泥石流沉积，泥石流测井曲线呈

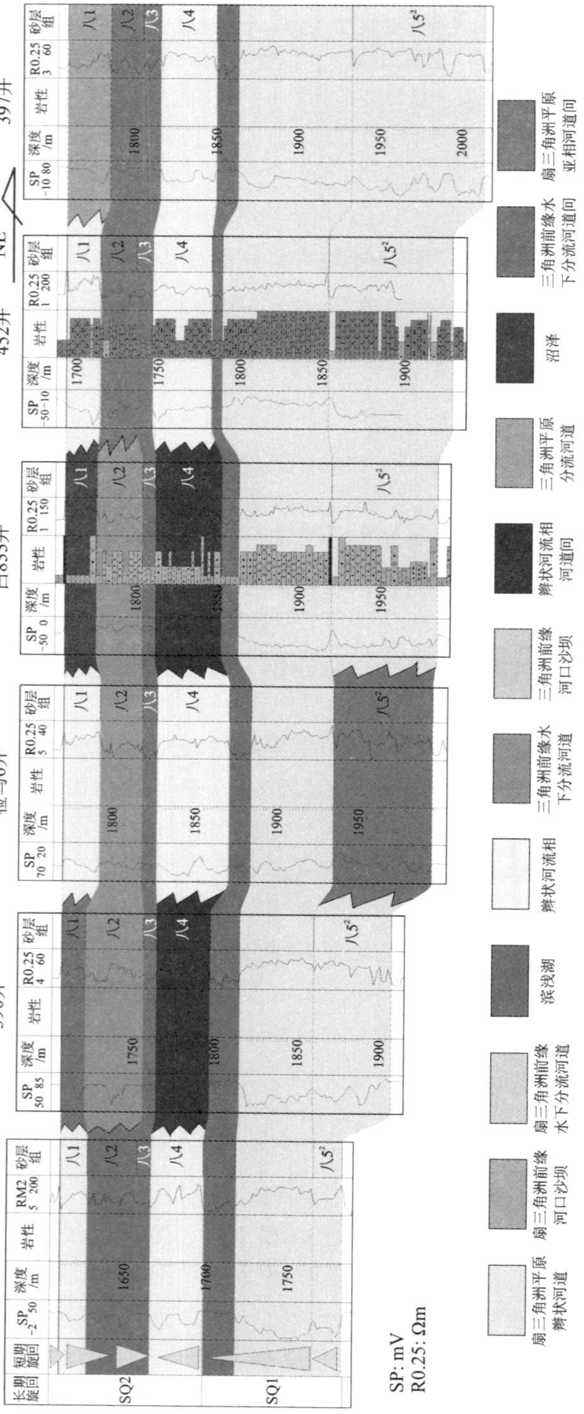

图3-34 八道湾组沉积相连井对比剖面（NE2）（彩图见附录）

箱型和钟型，弱 - 中等齿化。

八 4 砂层组：可识别出辫状河流相河床亚相心滩微相和河道间微相。心滩微相主要分布在 200 井、检乌 6 井、452 井—397 井一线，测井曲线呈钟型，该砂层组可细分为 2 个钟型，代表 2 期河道沉积，2 期河道间夹有厚 3 ~ 5 m 的一套泥岩。河道间微相分布在 390 井和白 833 井，其中 390 井测井曲线呈钟型，但砂泥比较低。白 833 井测井曲线齿化严重，砂泥比值低。

八 2 砂层组：可识别出辫状河三角洲前缘水下分流河道、支流间湾和河口沙坝等微相。分流河道微相分布于 390 井—白 833 井一线，测井曲线呈钟型，但齿化较严重，砂泥比值较高；支流间湾分布在 200 井，测井曲线齿化严重，砂泥比值较小；河口沙坝分布于 452 井—397 井一线，测井曲线呈漏斗型，中等 - 弱齿化，砂泥比值较小。

八 1 砂层组：可识别出辫状河流相河床亚相心滩微相和河道间微相以及辫状河三角洲平原亚相分流河道微相。心滩微相分布于 200 井、检乌 6 井和 452 井，测井曲线呈钟型，弱齿化，砂泥比值大；河道间微相分布于 390 和白 833 井，测井曲线呈钟型，砂泥比值较小；分流河道微相分布于 397 井，测井曲线呈钟型，齿化亚种，砂泥比值较小。

(10) NE3 剖面：该剖面共包括 6 口井，由西南向东北分别为 388、检乌 22、白 831、129、白 805 和 451 等井。

八 5^2 砂层：该砂层可识别出扇三角洲前缘水下分流河道和河口沙坝微相。其中，水下分流河道微相主要分布于白 813 井和白 805 井，测井曲线呈钟型，中等齿化，砂泥比较高。分流河道由 3 ~ 4 个次一级的水下分流河道组成，垂向上河道之间为支流间湾泥岩沉积。河口沙坝分布于 388 井—检乌 22 井、129 井和 451 井。河口沙坝测井曲线呈漏斗型，齿化严重。

八 5^1 砂层：该砂层仅可识别出扇三角洲平原泥石流沉积，泥石流测井曲线以钟型为主，箱型次之，弱 - 中等齿化。

八 4 砂层组：该砂层组仅可识别出辫状河流相河床亚相心滩微相。该微相测井曲线呈箱型和钟型，弱 - 中等齿化。

八 2 砂层组：该砂层组可识别出辫状三角洲前缘水下分流河道、支流间湾（水下分流河道间）和河口沙坝。水下分流河道微相分布于 388 井—检乌 22 井一线、129 井等，水下分流河道微相测井曲线呈钟型，中等齿化，砂泥比较高；支流间湾分布于白 831 井和 451 井，支流间湾微相测井曲线齿化中等，砂泥比较低；河口沙坝微相测井曲线呈漏斗状，中等齿化，砂地比较高。

八 1 砂层组：该砂层组可识别出辫状河三角洲平原分流河道微相和沼泽微相。其中，分流河道微相分布于 388 井—检乌 22 井一线以及 129 井、白 805 井和 451 等井，该微相测井曲线呈钟型，弱齿化，砂地比较高；沼泽微相分布于检乌

22 和白 831 井，测井曲线齿化严重，砂地比较低，且含 2 层煤层。

(11)NE4 剖面：该剖面共包括 4 口井，由西南向东北分别为 204 井、检乌 30 井、白 22 井和 405 等井。

八 5^2 砂层：该砂层可识别出扇三角洲前缘水下分流河道和河口沙坝微相。其中，水下分流河道微相主要分布于白 22 和 405 井，其测井曲线呈钟型。由于季节性洪水的影响，该微相对应测井曲线齿化严重，但砂泥仍较高。分流河道由 3 ~4 个次一级的水下分流河道组成，垂向上河道之间为支流间湾泥岩沉积。河口沙坝分布于 204 井—检乌 30 井一线周围。河口沙坝测井曲线呈漏斗型，齿化严重。

八 5^1 砂层：该砂层仅可识别出扇三角洲平原泥石流微相和前缘亚相水下分流河道间微相。其中，泥石流微相测井曲线呈箱型和钟型，弱 - 中等齿化，砂泥比较高。水下分流河道微相测井曲线以钟型为主，箱型次之，中等齿化，砂泥比较泥石流微相低。

八 4 砂层组：该砂层组仅可识别出辫状河流相河床亚相心滩微相、河道间微相和辫状河三角洲平原亚相分流河道微相。其中，心滩微相分布在检乌 30 井和 405 井，测井曲线呈箱型和钟型，弱 - 中等齿化，砂泥比较高。河道间微相分布在 204 井，其测井曲线呈钟型，齿化严重，砂泥比较小。分流河道微相分布在白 22 井，其测井曲线以钟型为主，箱型次之，中等齿化，砂泥比较心滩微相低。

八 2 砂层组：该砂层组可识别出辫状河三角洲前缘水下分流河道、河口沙坝以及支流间湾微相等。其中水下分流河道微相分布于 204 井和 405 井，该微相测井曲线以钟型为主，中等齿化，砂泥比较高。河口沙坝微相分布于白 22 井，测井曲线呈漏斗型，齿化严重，砂泥比较低。支流间湾微相分布于检乌 30 井，该微相测井曲线中等齿化，砂泥比低。

八 1 砂层组：该砂层组可识别出辫状河三角洲平原分流河道以及沼泽微相等。分流河道微相分布于 204 井、检乌 30 井以及 405 等井，其测井曲线呈钟型，中等齿化，砂泥比相对较高。沼泽微相分布于白 22 井，测井曲线形态呈指状，应为煤层，共 2 层，厚约 5 m，该微相砂泥比较低。

(12)NE5 剖面：该剖面共包括 4 口井，由西南向东北分别为检乌 26、检乌 27、241 和白 24 等井(图 3 -35)。

八 5^2 砂层：该砂层可识别出扇三角洲前缘水下分流河道和河口沙坝微相，其中，分流河道微相分布于检乌 26 井和 241 井，其测井曲线呈钟型，中等齿化，砂泥比较大。河口沙坝微相分布于检乌 27 井和白 24 井，测井曲线呈漏斗型，中等齿化，砂泥比相对较低。

八 5^1 砂层：该砂层可识别出扇三角洲平原泥石流微相、扇三角洲前缘水下分流河道和河口沙坝微相，其中，分流河道微相分布于检乌 27 井和 241 井，其测井

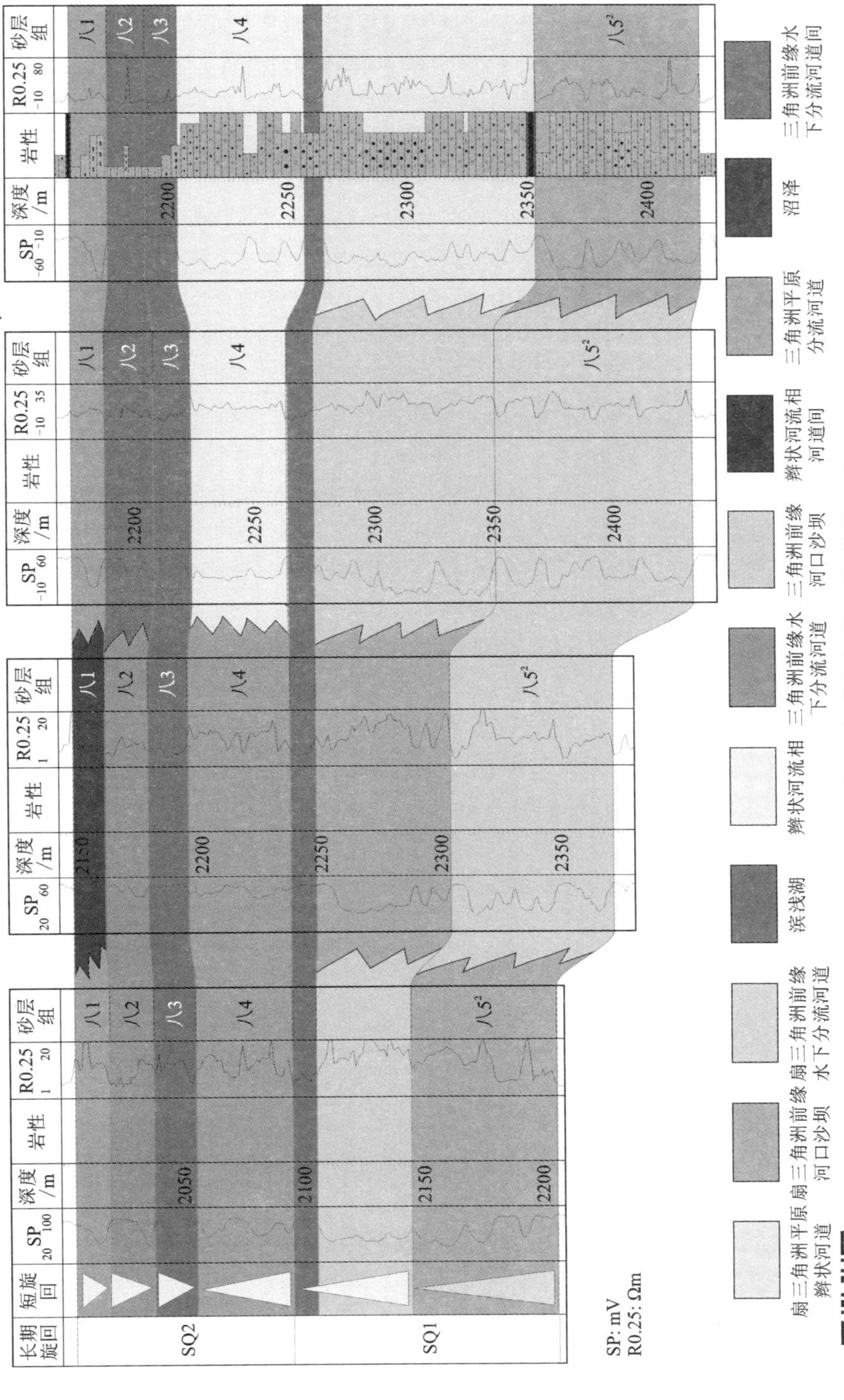

图3-35 八道湾组沉积相连井对比剖面(NE5)

曲线以箱型和钟型为主，齿化严重。河口沙坝微相分布于检乌26井，其测井曲线形态呈漏斗型，齿化严重，砂泥比较高。泥石流微相分布于白24井，其测井曲线形态以钟型为主，齿化严重，砂泥比较分流河道和河口沙坝低。

八4砂层组：该砂层组可识别出辫状河三角洲相平原亚相分流河道微相以及辫状河流相河床亚相心滩微相。其中，分流河道微相分布于检乌27和检乌26井，其测井曲线呈钟型，中等齿化，砂泥比相对较低。辫状河心滩微相分布于241和白24井，其测井曲线以箱型为主，钟型次之，中等齿化，砂泥比较高。

八2砂层组：该砂层组可识别出辫状河三角洲前缘水下分流河道微相、河口沙坝微相以及湖泊相滨浅湖等。其中，水下分流河道微相分布于检乌26和检乌27井，其测井曲线呈钟型，弱齿化，砂泥比较高。河口沙坝微相分布于241井，其测井曲线呈漏斗型，中等弱齿，砂泥比较大。滨浅湖亚相分布于白24井，其测井曲线呈指状，齿化严重。

八1砂层组：该砂层组可识别出辫状河三角洲平原分流河道微相和沼泽微相等。分流河道微相分布于检乌27、241和白24井，其测井曲线呈钟型，弱齿化，砂泥比较大。沼泽微相分布于检乌26井，其测井曲线呈指状，齿化严重，砂泥比较低。

因此，沉积相连井对比分析表明研究区沉积相具有很好的可对比性，其测井相可以较好的指示沉积相类型。通过沉积相对比分析表明八5^2砂层沉积相以扇三角洲前缘河口沙坝和水下分流河道为主，泥石流微相主要分布在克乌断裂带以东靠近物源的区域；八5^1砂层沉积相以泥石流和水下分流河道为主；八4砂层组沉积相以辫状河流相为主，辫状河三角洲次之；八2砂层组沉积相以辫状河三角洲前缘水下分流河道和河口沙坝为主，支流间湾次之；八1砂层组以辫状河三角洲平原分流河道为主，辫状河流相次之。

3.5 各砂层组砂体展布特征

在连井对比的基础上，统计各砂层组(或砂层)中砂体的厚度，最终勾画出砂体厚度在平面上分布的等值线。

八5^2砂层：该砂层砂体厚度较大的区域集中分布于八区的东部和东北部448井—451井、白833井—白831井—241井—玛湖4井一线(图3-36)。该砂层砂体最大厚度66 m(241井)，平均厚度30 m。

八5^1砂层：该砂层砂体厚度较大的区域集中分布于八区东北部452井—451井—405—白24—241—玛湖1—白832—白833井一线。该砂层砂体最大厚度76 m(405井)，平均厚度40 m。

八4砂层组：该砂层组砂体厚度较大的区域分布于八区中部和东北部，尤其

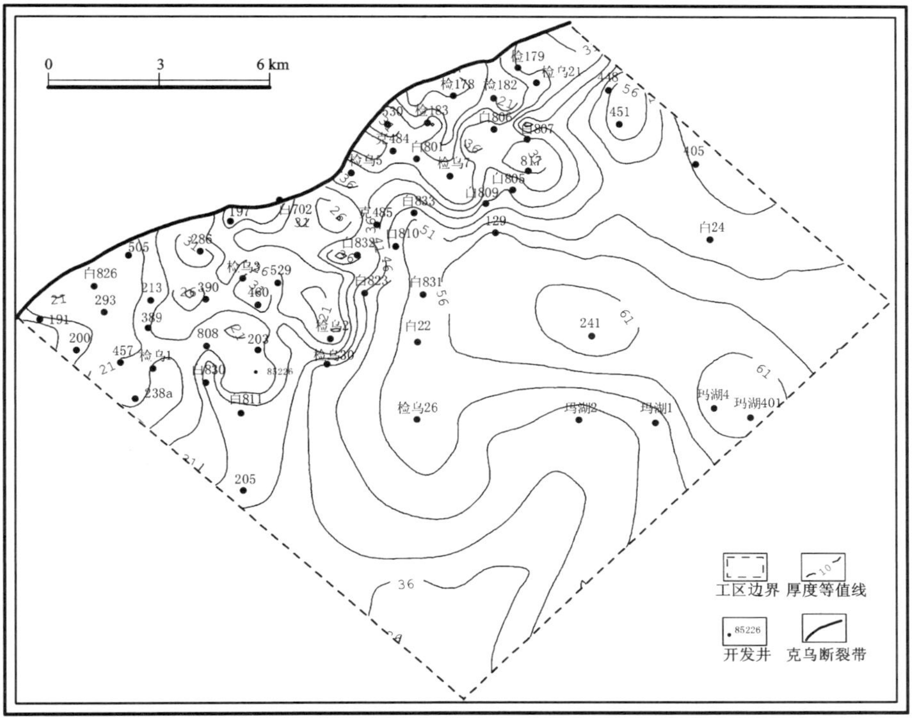

图 3 -36　八道湾组八 5^2 砂层砂体厚度图

在检 182—白 806—白 24—玛湖 1—241 井以及检 55—检乌 6—白 832—检乌 2—白 831—检乌 26 井一线厚度较大(图 3 - 37)。该砂层砂体最大厚度 46 m(白 24 井),平均厚度 26 m。

八 2 砂层组:该砂层组砂体厚度较大的区域分布于八区西部靠近克乌断裂带的北北东向的区域内,尤其在 535—检乌 1—238a—203—529—克 485—129 井以及检乌 7—80577—检 182—检 178—8473 井一线厚度较大(图 3 - 38)。该砂层砂体最大厚度 22 m(85151 井),平均厚度 10 m。

八 1 砂层组:该砂层组砂体厚度较大的区域分布于八区西南部和西北部,尤其在检乌 5—检乌 1—238a—203—529—克 485—129 井以及检乌 7—80577—检 182—检 178—8473 井一线厚度较大(图 3 - 39)。该砂层砂体最大厚度 20 m(80461 井),平均厚度 10 m。

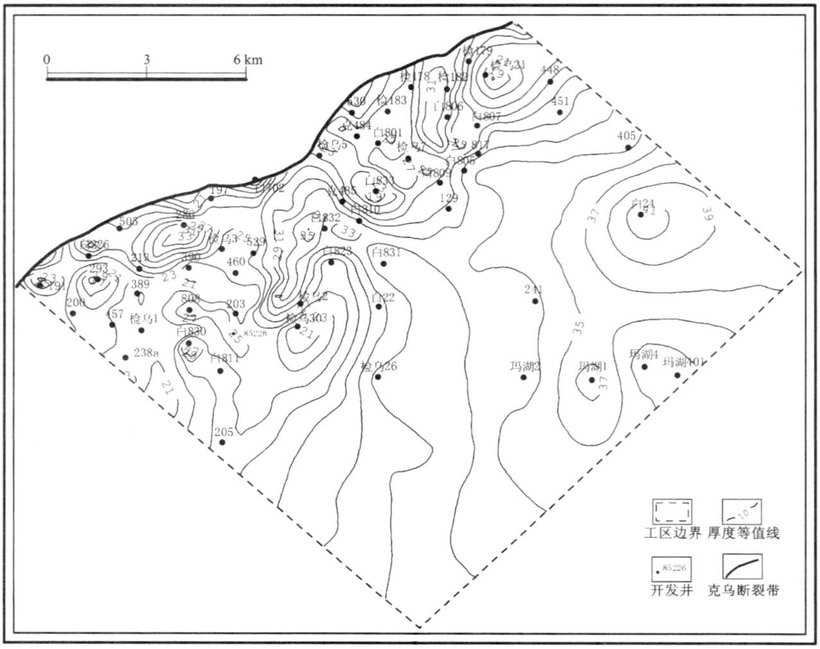

图 3－37　八道湾组八 4 砂层砂体厚度图

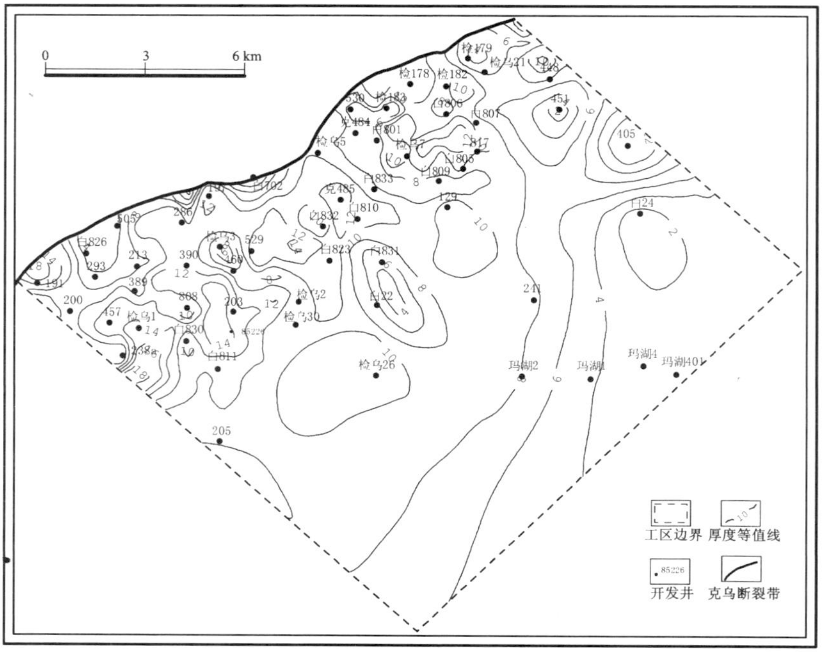

图 3－38　八道湾组八 2 砂层砂体厚度图

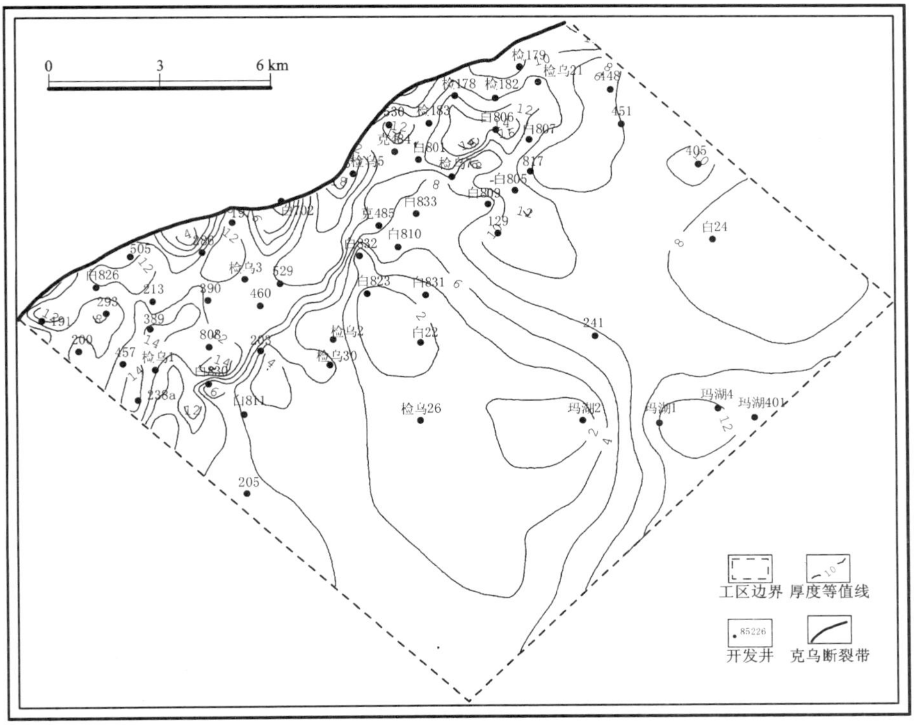

图 3 –39　八道湾组八 1 砂层砂体厚度图

3.6　砂泥比分布特征

在储层厚度分析的基础上，分析研究区砂地比，并作为勾画沉积相平面图的重要依据。

八 5^2 砂层：该砂层砂地比值较大的区域分布于八区的西北部和西南部，尤其在 293—8730 井—检乌 4—检乌 26 井以及 530—白 801—129—241—817—448 井等区域砂地比值较大（图 3 –40）。该砂层砂地比最大值 1.0（293 井），平均砂地比值 0.73。

八 5^1 砂层：该砂层砂地比值较大的区域分布于八区的东北部、中部和西南部，尤其在检 55—390—529—808—检乌 30 井以及白 832—白 833—241—玛湖 1—405—452 井等区域砂地比值较大。该砂层砂地比最大值 0.92（405 井），平均砂地比值 0.6。

八 4 砂层组：该砂层组砂地比值较大的区域分布于八区的东北部、东部和西

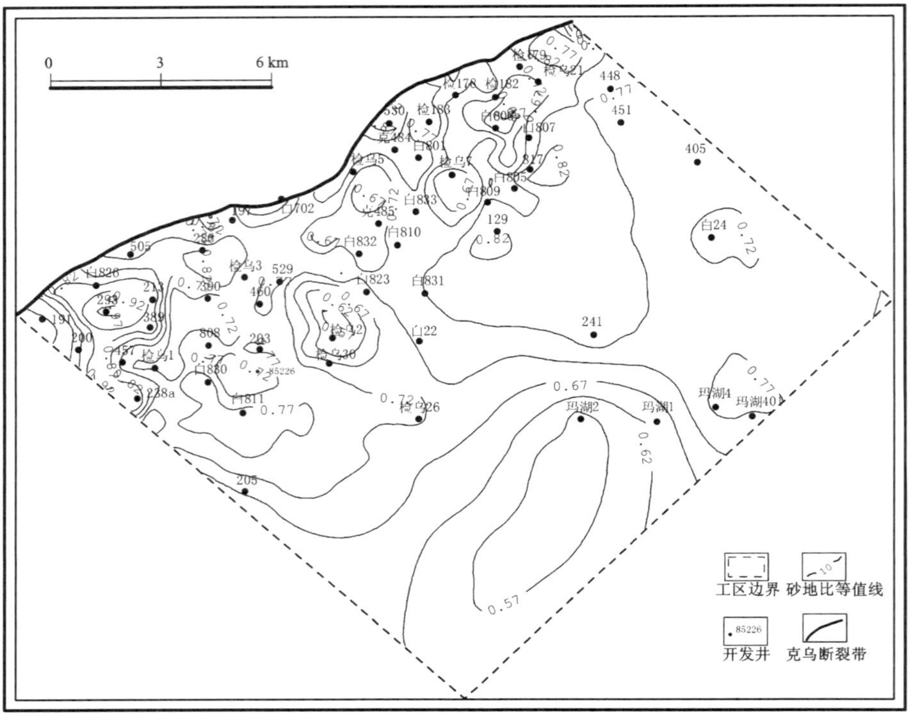

图 3-40　八道湾组八 5^2 砂层砂地比值分布图

南部，尤其在 191—白 826—805—238a—检乌 2—白 832 井以及白 833—白 831—129—玛湖 1—451—白 806 井等区域砂地比值较大(图 3-41)。该砂层砂地比最大值 0.9(白 805 井)，平均砂地比值 0.75。

八 2 砂层组：该砂层组砂地比值较大的区域分布于八区的南部、西南部和西北部，尤其在 286—805—238a—检乌 4—检乌 26—529—克 485 井以及检乌 7—817—241—白 24 井等区域砂地比值较大(图 3-42)。该砂层砂地比最大值 0.7(529 井)，平均砂地比值 0.4。

八 1 砂层组：该砂层组砂地比值较大的区域分布于八区的西南部和中部，尤其在 200—457—390—388—检乌 6—检乌 5 井以及 530—白 806—452—80612—241—玛湖 1 井等区域砂地比值较大(图 3-43)。该砂层砂地比最大值 0.8(388 井)，平均砂地比值 0.4。

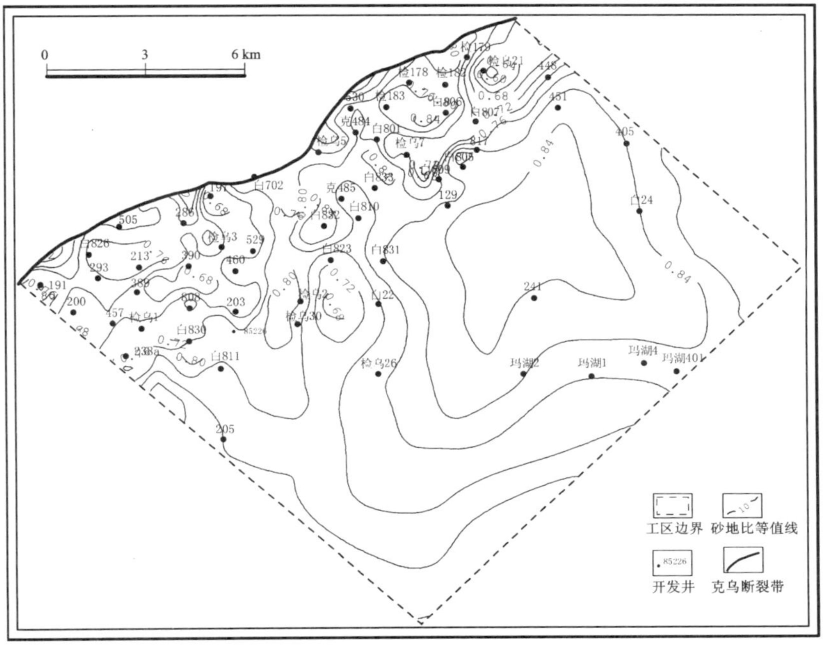

图 3－41　八区八道湾组八 4 砂层砂地比值分布图

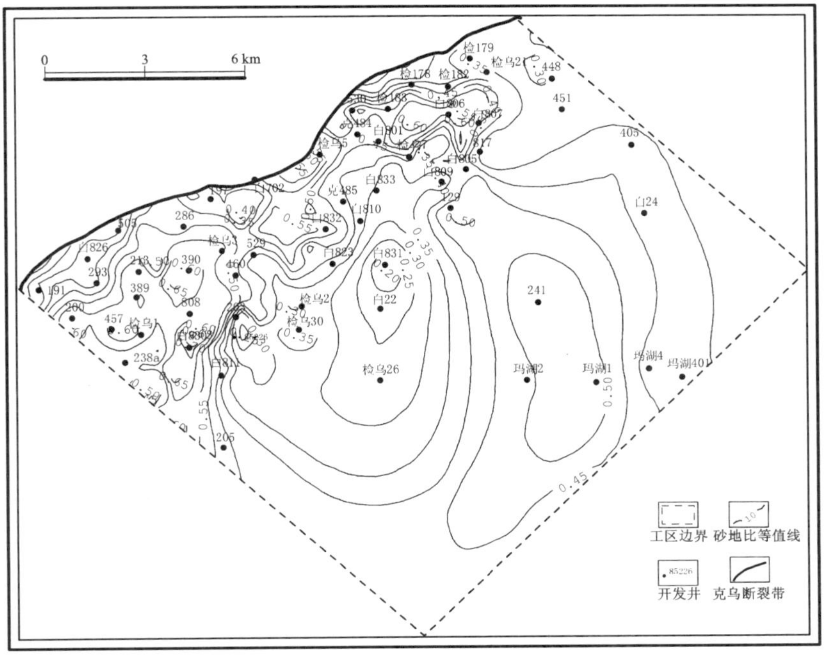

图 3－42　八道湾组八 2 砂层砂地比值分布图

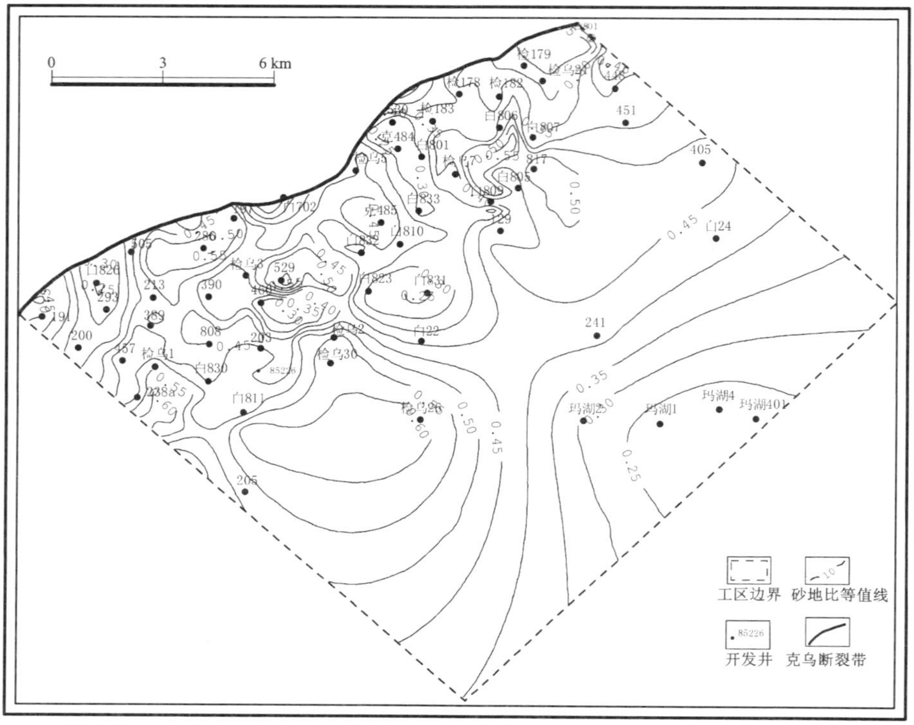

图 3－43　八道湾组八 1 砂层砂地比值分布图

3.7　沉积相展布

根据地震相分布研究、沉积相单井分析、沉积相连井对比分析以及砂体厚度展布研究等，分析研究区各砂层组(砂层)沉积相平面分布，并勾画沉积相平面分布图。

八 5^2 砂层：该砂层以扇三角洲相为主，进一步划分出扇三角洲平原泥石流微相、扇间洼地微相、扇三角洲前缘亚相以及河口砂坝微相等。其中，扇三角洲泥石流微相沿克乌断裂带的东部呈北北东向带状展布，主要分布于克乌断裂带以东200—389—检乌 3—529—白 833—检乌 7—129—451 井一线以西的区域。研究区可识别出 4 个扇三角洲朵体，分别位于 551—检 54—200—389—213—检 55—505 井一线周围，806—286—390—529—检乌 6—白 702 井一线周围，检 174—克485—白 810—检乌 7—129—817—白 806—白 818 井一线周围以及克 901—462—452—白 807—451—448—白 821 井一线周围(图 3－44)。4 个扇体间分布有扇间洼地，扇间洼地的沉积粒度较细，且常发育有煤层。200—389—检乌 3—529—白 833—检乌 7—129—451 井一线以东的区域为扇三角洲前缘，可进一步识别出河口沙坝、水下分流河道以及湖泊相滨浅湖。河口沙坝分布于八区南部 457—238a—204—205—检乌 26—白 22—检乌 2—808 井一线周围以及八区东北部玛湖 2—玛湖 1—玛湖 401—白 24 井一线周围。水下分流河道分布于八区斜坡的中部白 823—白 831—白 22—241—405—129—白 833 井一线周围。滨浅湖分布于八区东南部。

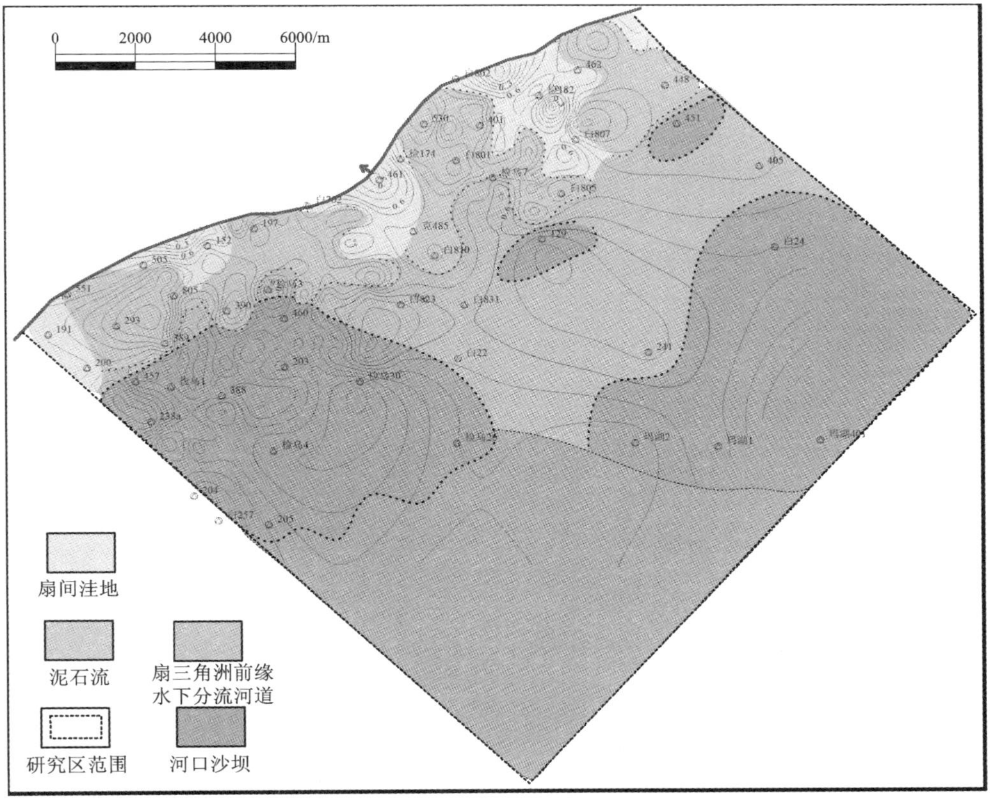

图 3-44 八道湾组八 5^2 砂层沉积相平面分布图（彩图见附录）

八 5^1 砂层：该砂层以扇三角洲相为主，进一步划分出扇三角洲平原亚相泥石流微相、扇间洼地微相、扇三角洲前缘亚相以及河口砂坝微相等。扇三角洲平原泥石流微相分布于克乌断裂带以东，238a—388—203—检乌 30—检乌 2—白 823—白 831—白 24 井一线以西。由于物源供应充分，扇体连片分布，很难区分出各个扇体。扇中分布有扇间洼地微相，可识别出 4 个规模较大的扇间洼地，分别分布在293—457—238a井一线周围，505—152—286井一线周围，8724—85095井周围以及白833—白803井一线周围等。扇三角洲前缘亚相分布在238a—388—203—检乌30—检乌2—白823—白831—白24井一线以东，可进一步划分出水下分流河道和河口沙坝2个微相。其中，水下分流河道微相位于204—白811—检乌4—白823—白22—241—玛湖401等井一线周围。河口沙坝微相分布于检乌26—玛湖2—玛湖1等井一线周围。滨浅湖分布于研究区东南部(图3-45)。

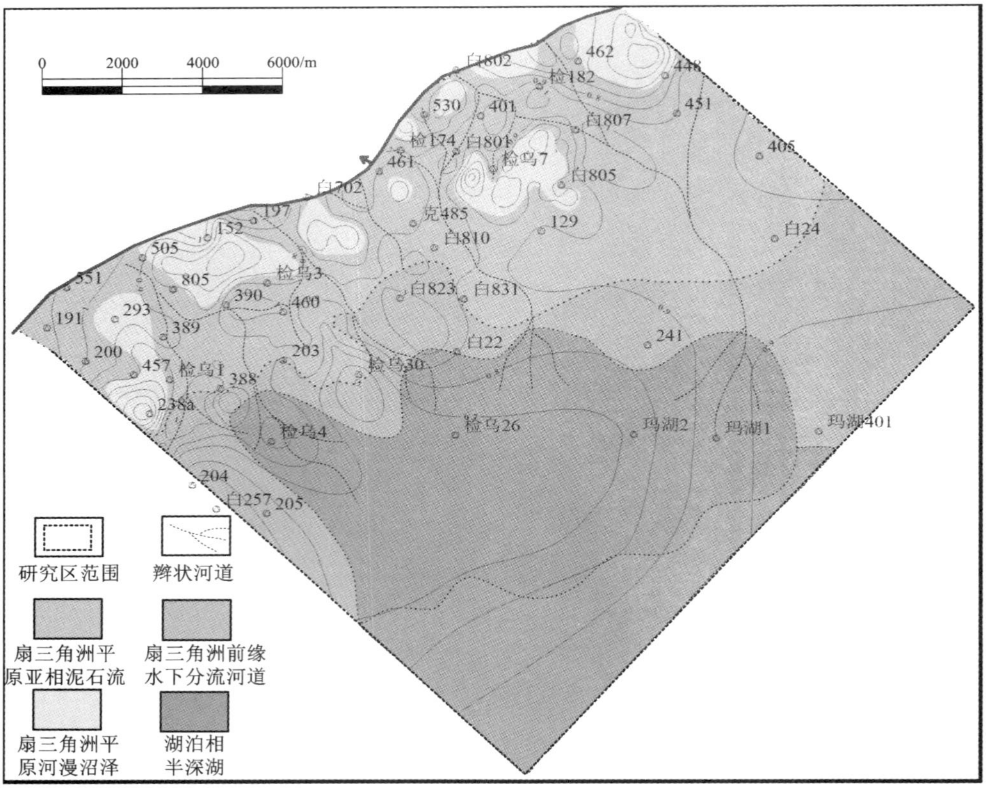

图3-45　八道湾组八5^1砂层沉积相平面分布图(彩图见附录)

八4砂层组：包括辫状河流相、辫状河三角洲相和湖泊相。辫状河流相进一步划分出河床亚相心滩微相和河道间微相；辫状河三角洲相进一步划分为平原亚相和前缘亚相等。辫状河流相心滩微相分布于克乌断裂带以东白257—检乌4—检乌30—白22—241等井一线以西。由于研究区距物源较近，因此心滩常连片分布，在心滩内部还可识别出河道间微相。规模较大的河道间共7个，分别为200—293—505井一线周围，204—白257井一线周围，390—203井一线周围，

197—529 井一线周围，白 823 井周围，检 174—白 833—白 810 井一线周围，462—检乌 21—白 807—白 805 井一线周围。辫状河三角洲相分流河道微相分布于 205—检乌 26—白 22—玛湖 2 井一线周围，而前缘水下分流河道微相分布于玛湖 1 井—玛湖 4 井—玛湖 401 井一线以南的区域(图 3－46)。滨浅湖分布于研究区东南部。

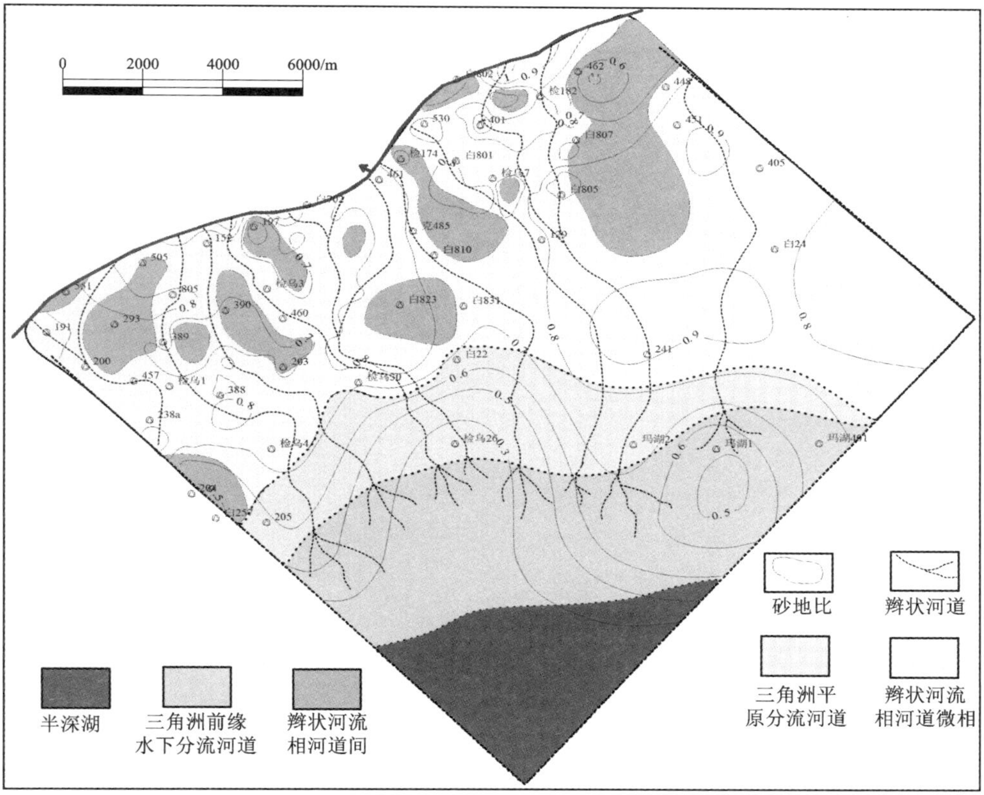

图 3－46　八道湾组八 4 砂层沉积相平面分布图(彩图见附录)

八 2 砂层组：该砂层组可识别出辫状河三角洲相和湖泊相，其中辫状河三角洲相可进一步划分出前缘亚相水下分流河道、河口砂坝微相、支流间湾微相和远砂坝微相等。辫状河三角洲水下分流河道、河口沙坝微相以及支流间湾微相分布在克乌断裂带以东，205—检乌 26—白 22—白 831—129—405 井一线以西。该前缘亚相可识别出 5 个前积朵体，由南向北分别是检 55—2013—389—457—238a—205—检乌 4—白 811—白 830—203—808—390—286—152 等井周围，197—529—检乌 2—检乌 30—检乌 26 井一线周围，检乌 5—克 485—白 810—白 833—129 等井一线周围，白 818—白 806—白 807—白 803—白 805—白 809 等井周围以及 397—451—405 等井周围(图 3－47)。三角洲前缘支流间湾微相分布于 5 个前积朵体之间。前缘远砂坝分布在 205—检乌 26—白 22—白 831—129—405 井一线以东，241—白 24 井一线以西以及研究区东南部等区域。滨浅湖分布于研究区东部和东北部玛湖 2—玛湖 1—玛湖 4—白 24 等井周围。

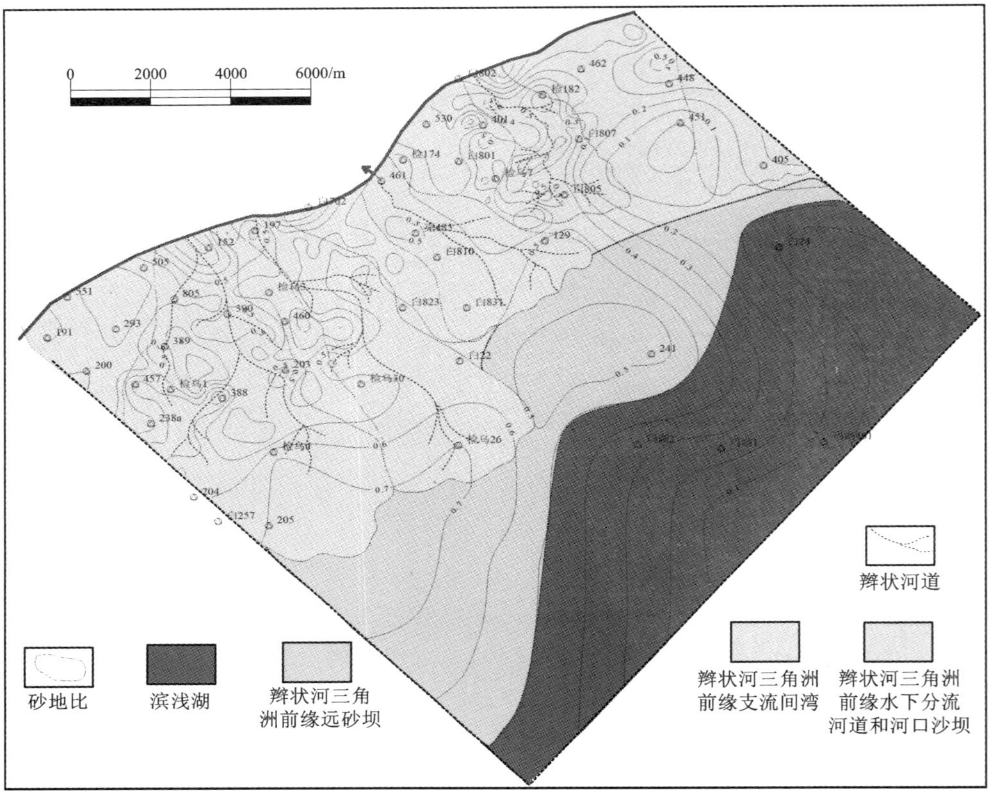

图 3－47　八道湾组八 2 砂层沉积相平面分布图(彩图见附录)

八 1 砂层组：该砂层组可识别出辫状河流相、辫状河三角洲相，其中辫状河三角洲相可进一步划分出平原亚相分流河道微相以及前缘亚相水下分流河道和河口砂坝微相等。辫状河流相分布于克乌断裂带以西，238a—388—203—460—529—8570—85376—71187—80461—白 807—检乌 21—8836 等井一线以西。辫状河道心滩连片分布，河道间微相分布在心滩之间。研究区可识别出 6 个规模较大的河道间微相。这些河道间微相分布在检 53—193—白 826—293 等井一线周围，413—152—805—213 等井一线周围，白 702—8724 井周围，530—检 174 井周围，白 802—71152 井周围以及检 182—8830 井周围(图 3-48)。该砂层组另外一个重要的微相是辫状河三角洲水上分流河道微相。分流河道间发育有沼泽微相，其典型的特征是发育 2~3 层煤层，且砂泥比较低。分流河道连片分布，沼泽微相呈土豆状分布于分流河道间，可识别出 6 个较大规模的河道间微相，具体包括：203—85226—85227 等井周围，85195—白 832—白 823—白 22 等井周围，检乌 26—玛湖 2 井周围，白 833—白 810—白 831 等井周围，817—白 805 井周围以及白 801—8473—448 井一线周围。三角洲前缘水下分流河道和河口沙坝微相分布在研究区东部和东北部，并呈北北东向的条带状分布于玛湖 1—玛湖 4—玛湖 401 井一线周围。

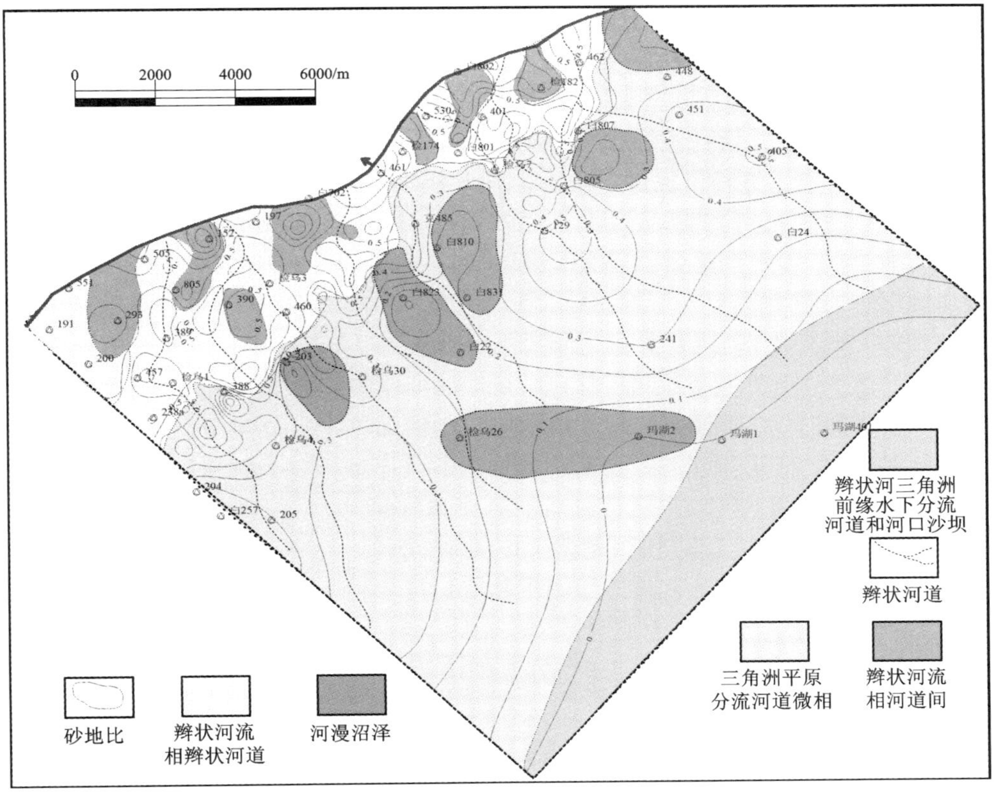

图 3-48　八道湾组八 1 砂层沉积相平面分布图(彩图见附录)

3.8 沉积相演化和模式

(1)沉积相演化

在沉积相单井、连井和平面分布研究的基础上总结出八区八道湾组沉积相演化。八 5^2 砂层沉积期研究区湖平面相对较高，岩性表现为砂砾岩与泥岩互层沉积，且测井相多呈现为漏斗状和钟型，因此，八道湾组广泛发育扇三角洲前缘河口沙坝微相。该期滨岸线大体位于 200—389—检乌 3—529—白 833—检乌 7—129—451 井一线附近。八 5^1 砂层沉积期湖平面较八 5^2 砂层低，这一点认识可以通过砂泥比和岩石粒度反映出来。八 5^1 砂层下部广泛发育中－细砾岩，厚度巨大，泥岩夹层少，沉积期滨岸线的位置大致位于 238a—388—203—检乌 30—检乌 2—白 823—白 831—白 24 井一线附近。因此，通过滨岸线位置的变化也可以判断出八 5^1 砂层沉积期是湖平面下降的过程。八 5 砂层组沉积后，地层发生抬升作用，研究区遭受广泛的侵蚀作用，使八 5 砂层组上部地层剥蚀殆尽，仅残留八 5 砂层组上部泥岩。这种侵蚀作用在地震剖面中清晰可见。侵蚀面之上为八 4 砂层组砂岩沉积，八 4 砂层组沉积期湖平面较低，以辫状河流相沉积为主，滨岸线的位置大致位于 205—检乌 26—玛湖 2—玛湖 4—玛湖 401 井一线附近，因此，八 4 砂层组沉积期湖平面较八 5 砂层组还低，因此，八 4 砂层组划为低位体系域。八 3 砂层组以滨浅湖泥岩沉积为主，全区稳定分布，因此，八 3 砂层组沉积期湖平面明显高于八 5 和八 4 砂层组，是 SQ2 层序的湖侵体系域。八 2 砂层组沉积期是湖平面下降的时期，该期广泛发育辫状河三角洲前缘水下分流河道和河口沙坝，砂泥比明显较八 3 砂层组高，表明物源向研究区不断推进，而湖平面不断下降。八 1 砂层组沉积期八区以辫状河三角洲平原和辫状河为主，湖平面进一步下降，滨岸线的位置大致位于玛湖 1—玛湖 4 井一线，整个八区基本上位于湖平面以上。因此，可以总结认为八区八道湾组湖平面变化过程为：八 5^2 砂层→八 5^1 砂层湖平面下降，八 4→八 3 湖平面上升，八 3→八 2 湖平面下降，八 2→八 1 湖平面继续下降。

(2)沉积相模式

由于八 5 砂层组沉积相类型和八 4—八 1 砂层组属不同的沉积体系，因此，本书分别总结了八 5 砂层组和八 4—八 1 砂层组沉积相模式。八 5 砂层组整体以扇三角洲为主，靠近物源区附近广泛发育扇三角洲平原，盆地区广泛发育前缘(图 3－49)。八 4—八 1 砂层组属于一个沉积体系，即河流－三角洲沉积体系。河流相分布在靠近物源区一侧，三角洲位于研究区的东部，即盆地的滨浅湖区(图 3－50)。由于沉积期盆地地势较平坦(尤其是八 1 和八 2 砂层组沉积期)，因此研究区广泛发育三角洲相。

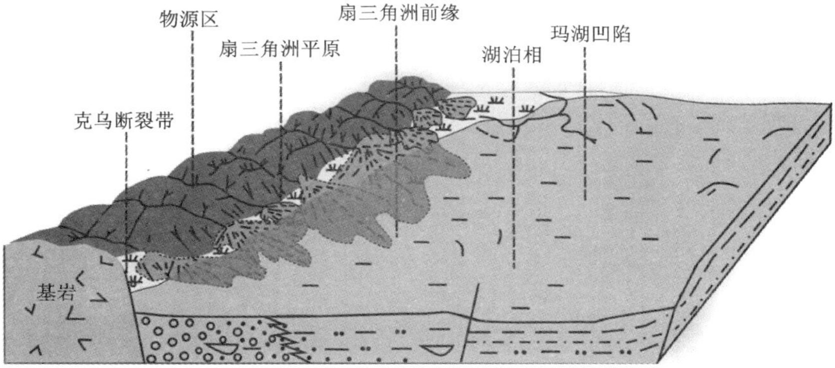

图 3-49　八区八道湾组八 5 砂层沉积相模式

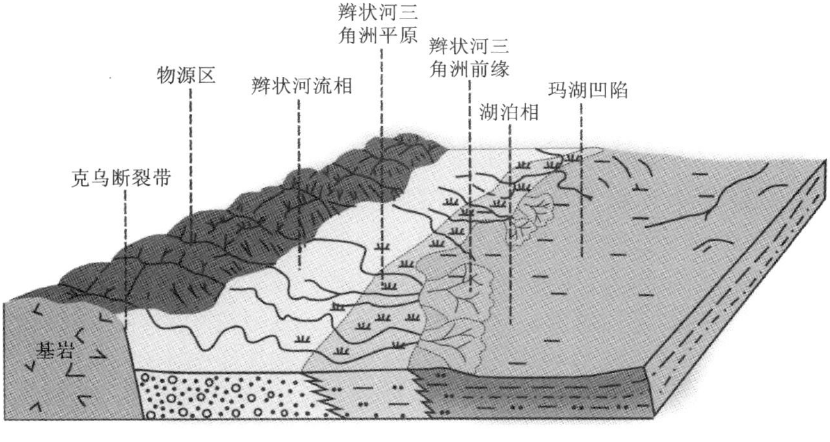

图 3-50　八区八道湾组八 4—八 1 砂层沉积相模式(彩图见附录)

4 八道湾组储层特征分析

4.1 储层岩石学特征

砂岩储层的岩石学特征是控制砂岩成岩作用和孔隙演化的内在因素，相同地质环境(或成岩环境)下，不同岩石学特征的砂岩储层的成岩－成孔演化有较大差异，其机制主要表现在储层的成分、结构和粒径等影响或控制了一定成岩环境中的水－岩反应速率和规模以及储层的抗热性和抗压性，从而影响或控制储层的成岩演化途径和速率。

侏罗系八道湾组砂岩储层在岩石学上表现为低成分成熟度、低胶结物含量和高结构成熟度“两低一高”特征。低成分成熟度指该区砂砾岩储层均为岩屑砂岩，岩屑含量一般在39.6%～62.2%，岩屑组分主要为火山岩岩屑，且以凝灰岩岩屑为主，其次为浅变质岩岩屑，如千枚岩和少量板岩。砂岩的成分成熟度主要受控于沉积母岩性质，其次也受沉积物搬运距离和沉积环境的影响；高结构成熟度指该区砂岩储层的分选性较好、泥质杂基含量较低(一般低于3.0%，平均泥质含量在1.0%左右，平均约3.5%～5.3%)和磨圆度中等；低胶结物含量指砂岩储层在成岩过程中形成的各种自生矿物的总量很低。该区砂岩中的自生胶结物总量一般在3%～6%，以(含铁)方解石、白云石、高岭石和硅质为主。储层岩石学上的差异控制了储层的成岩作用和孔隙演化－保存规律。

4.2 储层成岩作用特征

4.2.1 砂砾岩主要成岩作用类型

(1)砂岩的压实与压溶作用

压实作用是侏罗系砂岩成岩演化的主要因素，压实作用的强度受控于砂岩的物质特征和所处的地质环境。物质特征包括砂岩本身的成分、结构、粒径以及水－岩反应过程中形成的各种成岩物质的数量；地质环境指砂岩成岩演化过程中各种地质外力作用于砂岩并引起砂岩成岩变化的各种外部参量。在该地区，这种成岩变化主要为压实作用引起的岩石的固结致密及相应的孔隙的减少过程。

研究区侏罗系八道湾组细中－中粗岩屑砂岩的压实作用主要表现在0～3500 m，大于此深度的压实作用较强，其压实率达(0.6%～1.3%)/100 m。但不同条件下的压实速率有较大变化。非煤系地层的粗－中粗岩屑砂岩在深度小于3500 m的压实率为0.6%/100 m，低于细岩屑砂岩的压实率0.88%/100 m(图4－1)。煤系地层的中－粗岩屑砂岩在深度小于2500 m的压实率为1.3%/100 m，几乎是非煤系砂岩的压实率的1倍；大于此深度，砂岩的压实梯度明显降低，非煤系中－粗岩屑砂岩由0.6%/100 m降为0.24%/100 m，中细岩屑砂岩由0.88%/100 m降为0.36%/100 m。煤系地层中－粗岩屑砂岩的压实率由1.3%/100 m降至0.53/100 m，几乎降低了60%。此转换深度在煤系地层约为2500 m，非煤系地层为3300～3500 m，煤系与非煤系的转换深度的差达800～1000 m，是由煤系砂岩的成岩作用有别于非煤系砂岩造成的。据前人研究，压溶作用在古地温60℃左右即已开始。据研究区侏罗系—白垩系时期古地温梯度计算，砂岩开始发生较强压溶作用的古埋深在2500 m左右，这一深度界线与图4－1的压实梯度发生变化的深度一致。

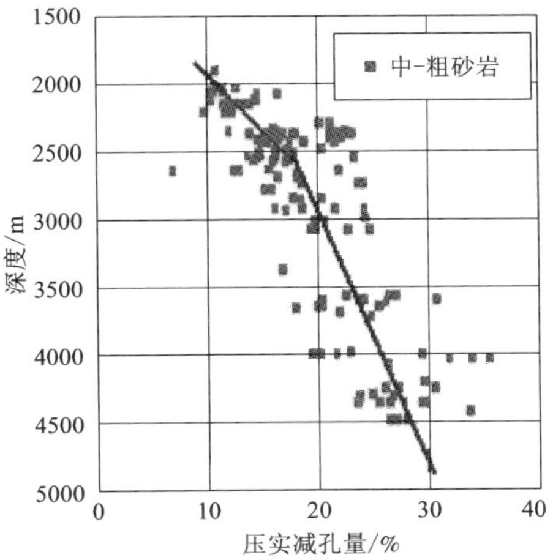

图4－1 不同条件下砂岩压实减孔量随深度的变化规律

不同粒径的砂岩压实率有变化。深度小于2500 m，粗砂岩和中砂岩的压实率分别为0.96%/100 m和1.04%/100 m；深度大于2500 m，粗砂岩和中砂岩的压实率分别为0.42%/100 m和0.34%/100 m。即同一深度区间，随着砂岩粒级变细，其压实率增大，原因在于细粒级砂岩的表面积较大，其塑性岩屑含量也增加，从而降低砂岩的抗压性；同一粒径砂岩的压实率随深度增加而减小，原因在于深度增大、砂岩的可压缩性减小。

不同地温场的砂岩压实率有较大变化(图4－2)。其中，高地温梯度区资料取自我国东部诸油气盆地，为较低胶结物含量、较高结构成熟度的长石岩屑细中砂岩和岩屑长石细中砂岩；低地温梯度区资料来自我国西部塔里木、吐哈和部分准噶尔盆地等，为较低胶结物含量、较高结构成熟度的岩屑细中－中粗砂岩。该关系表明，低地温梯度盆地中，岩屑砂岩的压实率：$P_{压} = 13.87 \times H^{-0.4169}$；高地温梯度盆地中，岩屑砂岩的压实率：$P_{压} = 22.60 \times H^{-0.4365}$，式中，$H$—深度(m)，$P_{压}$—砂岩压实率(%/100 m)。即随着地温梯度的提高，砂岩的压实率明显加大，对相似岩性砂岩而言，其差异主要取决于不同盆地或地区的地温场的变化。从这一关系也可看出，与东部诸高地温场油气盆地比较，准噶尔盆地的地温场是利于砂岩孔隙保存的。

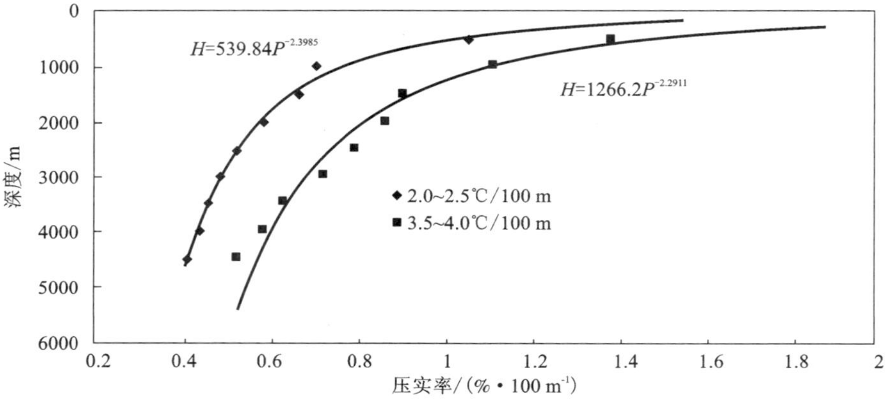

图4－2　地温梯度与砂岩压实率关系

(2)砂岩的胶结作用

该地区砂岩的胶结作用主要有碳酸盐[包括菱铁矿、(含铁)方解石和少量(含铁)白云石]、高岭石、自生石英和黄铁矿的胶结作用，其次为沸石类胶结。

菱铁矿主要分布于八道湾组含煤系储层中，未含煤系的储层砂岩中很少见到，属于同沉积期成因，呈云雾状和集合体状，部分因重结晶作用而呈粉晶和细晶状。(含铁或铁)白云石主要为成岩晚期形成的矿物，仅在个别样品中出现。方解石分布普遍，但分布极不均匀，且为多期成因。早期形成的方解石呈斑块状[图4－3(a)]和栉壳状[图4－3(b)]，基本不含铁。具早期方解石胶结的砂岩基本不具硅质加大边，且碎屑颗粒呈点状接触或悬浮状，砂岩未经受明显的压实作用。这种方解石胶结往往形成高钙质的致密薄夹层，可能与短期的古气候变化有关；晚期形成的方解石呈斑块状和星点状，多数含铁，部分呈交代状产出，往往晚于硅质加大边形成[图4-3(c)、图4-3(d)]。

图4-3 砂岩胶结作用显微特征(玛湖2井八道湾组)(彩图见附录)

(a)早期方解石胶结;(b)早期方解石胶结,未溶解;
(c)晚期铁方解石胶结;(d)晚期含铁白云石胶结

自生硅质主要呈加大边方式产出,其次呈自生石英小晶体附着在颗粒表面或充填孔隙,主要发育于八道湾组砂岩中。长石加大也常见于八道湾组砂岩。硅质和长石的次生加大减小了粒间孔隙及堵塞孔喉,但由于石英、长石的加大增加了颗粒的抗压强度和支撑能力,对该地区成分成熟度低的砂岩而言反而有利于粒间孔隙的保存。八道湾组砂岩的粒间孔隙保存较多与其绝大部分石英及部分长石发生次生加大有关。

高岭石析出于酸性水介质、有铝和硅来源的成岩环境、砂岩有一定的渗透性能即可。八道湾组煤系地层在准同生期和成岩早期就具备这种环境。在埋藏成岩初期,煤岩或煤系泥岩排出由水生或陆生植物分解产生的腐殖酸,因而水介质呈酸性,一些不稳定、易溶蚀的骨架颗粒如长石及酸性火山岩屑等在此环境下发生溶蚀并析出高岭石;同时,成岩早期砂岩孔隙连通性好,长石溶蚀形成的K^+、Na^+可及时排出,从而保持酸性成岩水介质环境,形成早期高岭石。这种成因的高岭石主要见于煤系地层八道湾组砂砾岩中。

(3)砂岩的溶蚀作用

砂岩的储集空间类型及其发育规律对油气勘探是比较重要的，它关系到有利储层的评价预测与勘探方向的选择。但到目前为止，对这一基本的储层地质学问题尚有不同的认识。一些学者认为西部地区(包括准噶尔盆地)砂岩中的溶蚀现象普遍，储集空间以次生孔隙为主，并按照 Schmidt(1997)等的观点，对次生孔隙的分布进行评价预测。笔者通过研究认为，准噶尔盆地侏罗系八道湾组砂砾岩储层主要发育剩余原生孔隙，其次为颗粒溶孔－剩余原生孔隙，局部地区或层段次生孔隙相对发育。

砂岩中次生孔隙的形成是有一定条件的，Surdam、Crossey 等 80 年代在提出次生孔隙有机成因说时就明确指出次生孔隙形成和保存的 5 个限制条件(如前文所述)。Miller(1952)指出当温度小于 120℃、P_{co_2} 不变的条件下，方解石溶解度随温度升高而降低。Smith 指出如果有机质成熟过程在 100℃左右所释放的 CO_2 超过了反应平衡常数所要求的数量，那么这些过量的 CO_2 将会由于碳酸盐矿物的沉淀作用而清除；同时，在碎屑岩储层中，pH 受控于铝硅酸盐的平衡，而不受控于碳酸氢根离子的离解。因此，在低于 100℃的温度下，CO_2 丰度的增大一般情况下将引起碳酸盐的沉淀。

砂岩中碳酸盐的溶蚀问题是次生与原生观点争论的焦点之一。从化学平衡反应的原理上讲，在封闭成岩体系中，砂岩中一般趋向于碳酸盐的沉淀，而不是溶解。实际上，要形成大规模的次生孔隙，还必须发生大规模的质量传递。但在封闭体系下，这种质量传递往往是有限的。

研究区溶蚀作用较显著的井为白 24 井，该井 1840～1950 m 砂岩的颗粒溶孔较发育，平均溶孔面孔率为 1.44%，平均测试孔隙度达 10.76%。在孔隙度与深度的关系图中，砂岩孔隙度明显偏离正常趋势线(图 4－4)。煤系地层中砂岩的溶蚀现象较非煤系普遍，薄片及扫描电镜观察被溶蚀的为长石或岩屑颗粒，方解石很少有被溶蚀的迹象，长石或岩屑颗粒的溶蚀现象发育，而其周缘及交代的方解石的晶体形态完好，晶体边界比较规则。这主要是煤系砂岩的孔隙介质中 CO_2 始终较丰富的原因。但煤系地层中砂岩的溶蚀规模仍然是有限的，其溶蚀增孔量一般小于 1.3%。

八道湾组煤系地层砂岩的溶蚀作用可能有两期，即准同生—早成岩期和晚成岩 A 期，而非煤系地层砂岩的溶蚀作用主要发生于晚成岩 A 期。

溶蚀作用以及相应的次生孔隙的发育程度与深度和岩性有良好关系。随着砂岩粒级的变细，次生孔隙占总孔隙空间的比例增加(图 4－5)。但这并不表示细粒级砂岩的次生孔隙变得发育，而是说明粗粒级砂岩保存了更多的原生孔隙；同时，随着埋藏深度的变大，次生孔隙占总孔隙空间的比例也增加。但这也不表示埋藏深度的增加，砂岩的溶蚀作用增强，次生孔隙变得发育，也是说明埋藏深度

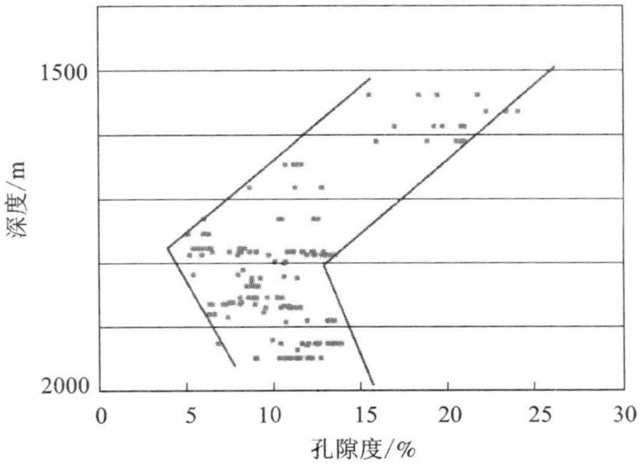

图 4-4　玛湖 1 井砂岩孔隙度与深度关系图

较小时砂岩保存了更多的原生孔隙。

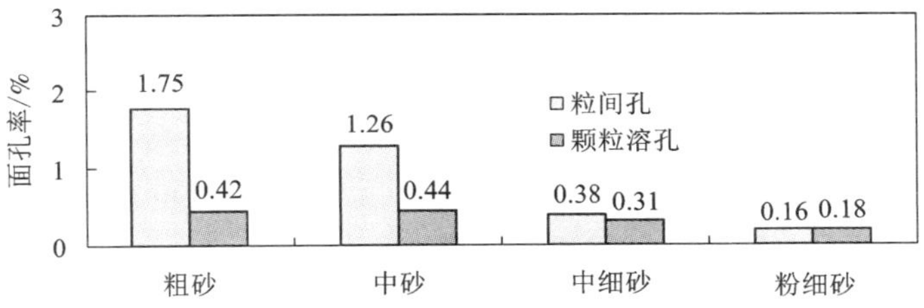

图 4-5　八道湾组砂岩粒度与溶蚀孔隙面孔率关系

4.2.2　煤系地层与非煤系地层砂岩的成岩作用特征对比

(1)煤系地层砂岩的压实速率较大、快速压实阶段较早

在砂岩岩石学特征基本相似的条件下，煤系地层砂岩的压实与压溶作用明显强于非煤系地层砂岩。在深度 1500～2500 m 处，煤系地层砂岩的成岩压实率几乎是非煤系地层砂岩的 1 倍，其实际含义是如不考虑胶结作用，则砂岩在 1500～2500 m 的埋藏成岩期间，煤系地层砂岩比非煤系地层砂岩要多损失约 1 倍的孔隙度(约为 6%)。只是在深度大于 2500 m 时，煤系地层砂岩与非煤系地层砂岩之间的压实和压溶强度的差异才明显减小。同时，煤系地层砂岩的这种快速压实作用主要发生于埋藏深度小于 2500 m 的成岩早期阶段，它比非煤系地层砂岩要小 800～1000 m 的埋藏深度。

从煤系地层砂岩与非煤系地层砂岩的岩石结构特征也可以明显地看出它们在

成岩压实作用上的差异。基本相同埋深条件下，非煤系地层砂岩的压实作用相对较弱，碎屑颗粒间以线－点线接触为主。胶结类型呈再生－孔隙式或孔隙式，其次为压嵌式胶结；而煤系地层砂岩则以线、凹凸接触和压嵌式胶结为主，反映较强－强烈的成岩压实作用。需要指出的是，斜坡西南部八道湾组砂岩（非煤系地层）的压实作用强，粒间呈凹凸状接触和压嵌型胶结，它是由该区砂岩中塑性颗粒（水化凝灰岩岩屑）含量很高引起的。

煤系地层中的酸性成岩水介质阻止了砂岩钙质的胶结，使砂岩粒间空间缺乏支撑、抗压性降低；同时酸性水介质使砂岩过早发生溶蚀，且主要是骨架颗粒的溶蚀，特别是长石和火山岩的选择性溶蚀，使砂岩骨架的支撑力进一步降低。由此造成煤系地层与非煤系地层砂岩的压实作用出现了明显的分异。

（2）煤系地层砂岩的成岩自生矿物（高岭石、石英等）的自由生长空间小，晶体自形程度较差。

煤系地层砂岩和非煤系地层砂岩中的高岭石和石英的发育特征有差异。煤系地层砂岩中的高岭石多呈散乱状充填于粒间和溶蚀孔隙中，晶体形态和分布显得杂乱；而非煤系地层砂岩中的高岭石主要呈集合体的斑点状充填于粒间孔隙，晶体形态和分布均较规则。但细粒砂岩中的高岭石的产状类似于煤系地层，也显得杂乱。

非煤系地层砂岩中的石英次生加大边的自形程度较高，加大边平直、易识别，显示较充分自由加大的特征；而煤系地层砂岩中的石英次生加大边的自形程度低，加大边呈弯曲状、不易识别，显示石英次生加大时的自由空间小的特征。同时，颗粒表面上和粒间空隙（主要为溶蚀孔隙）中的次生石英晶体较发育。

高岭石和石英的晶体形态和产状与形成时的自由生长空间和后期保存条件有关。细粒级砂岩的孔隙空间较小，埋藏成岩过程中孔隙空间消失得也快，使高岭石和石英的自由生长受到限制，其晶体形态不如中－粗砂岩中的高岭石和石英。但对比煤系地层与非煤系地层中－粗砂岩中的高岭石的产状可以判断煤系地层砂岩的高岭石的产状与后期高岭石的保存条件有很大关系。煤系地层砂岩在成岩早期发生较强溶蚀期间，也形成高岭石，但由于早期溶蚀作用降低了砂岩颗粒骨架的支撑力而使早期形成的高岭石变成散乱状。非煤系地层就缺乏这种影响。

（3）煤系地层砂岩的溶蚀－压碎现象较普遍、溶蚀规模较强，但溶蚀的增孔效应很低。

煤系砂岩在准同生期—早成岩期的溶蚀作用十分普遍，几乎每个铸体片均能观察到溶蚀现象。其溶蚀规模也较强，长石、岩屑受到较强溶蚀，这也是煤系砂岩化学成岩作用较强的特点之一。但伴随这种溶蚀现象的是被溶颗粒的压碎现象也很普遍。而正是这种溶蚀－压碎现象降低了砂岩颗粒的抗压性，使粒间孔（包括溶孔）不易保存；同时还伴生有高岭石和石英的沉淀。因此，煤系砂岩在埋藏不太大的深度，其物性就变得较差。

4.2.3 成岩阶段及其时空分布

据煤系与非煤系地层中砂岩成岩作用的特点，结合埋藏史、热演化史、流体包裹体、镜质体反射率等资料，作出煤系与非煤系砂岩储层的成岩作用序列（图4－6、图4－7）。

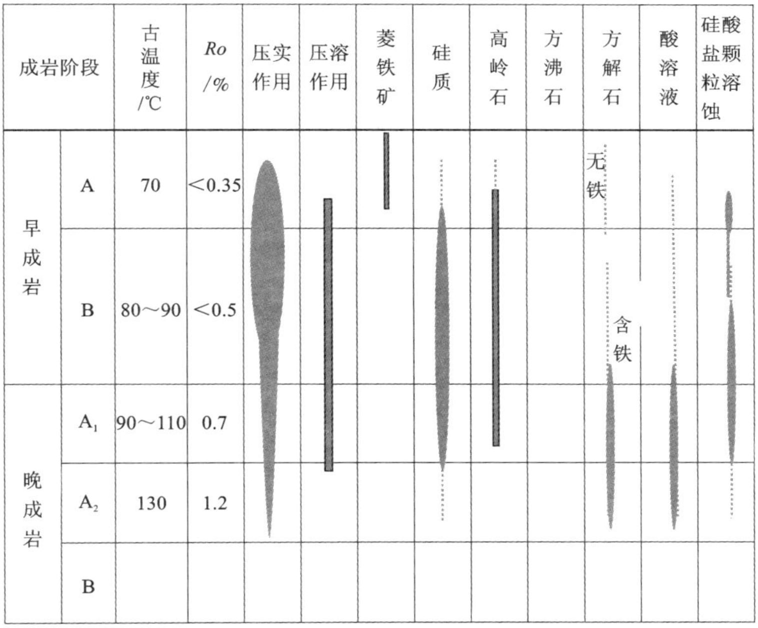

图4－6　研究区侏罗系煤系储层成岩序列与成岩阶段

早成岩期主要表现为砂岩的成岩压实作用，其次为煤系地层砂岩的硅酸盐的溶蚀作用、压溶作用、硅质胶结作用和高岭石、泥微晶团块状菱铁矿的析出；以及非煤系砂岩的无铁方解石及方沸石的胶结作用。该阶段煤系与非煤系砂岩的主要差别在于煤系砂岩的溶蚀作用较强，并形成较大的压实速率。

晚成岩期主要表现为砂岩的压实作用和压溶作用，其次为硅质、高岭石和含铁方解石的胶结与交代作用和硅酸盐的溶蚀作用。根据八道湾组岩石特征可以判断八道湾组砂岩主要处于晚成岩 A_1 期。

相同成岩阶段在不同地区的埋藏深度有较大差异，总体上讲，由研究区东部至盆缘（或由凹陷区至隆起区），相同深度下的砂岩成岩强度提高，或相同成岩阶段的埋藏深度变小。这种变化主要由砂岩的热演化轨迹不同引起，包括古地温梯

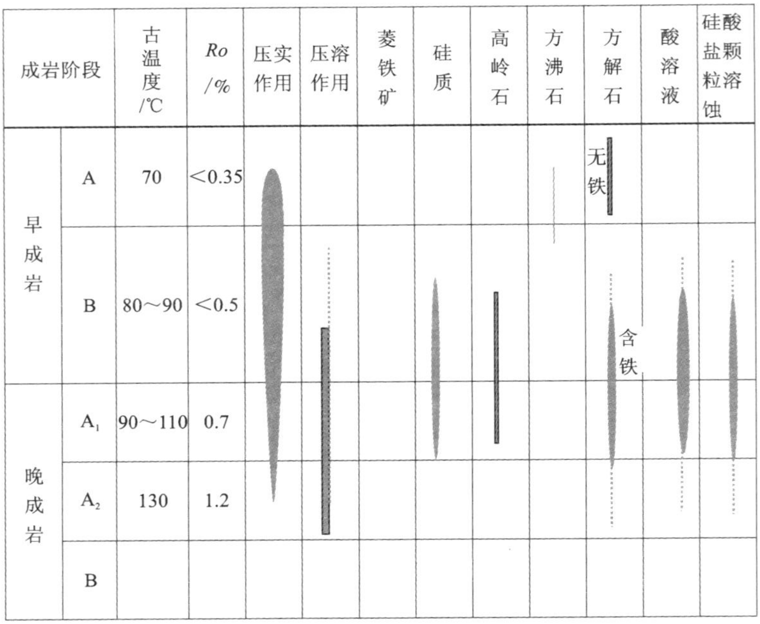

图 4－7　研究区侏罗系非煤系储层成岩序列与成岩阶段

度、埋藏史和地质年代。该区的埋藏方式总体上差异不大，主要差异是西区侏罗系曾经历过地层剥蚀，这对砂岩的热演化轨迹有一定影响。但八道湾组的古埋深远未超过今埋深，故影响小，古地温梯度是产生这种差异的主要原因。据前人研究，构造高部位古地温梯度略高，一般为 2.3～3.0℃/100 m，研究区东部略低，一般在 2.0～2.4℃/100 m。即研究区东部的古地温梯度比西部地区平均降低约 0.5℃/100 m，换算成早成岩末期的地温界线所对应的深度差约 300 m。这个深度差与如上所述的东部和西部之间相同成岩阶段的深度差相似。

4.3　砂砾岩储集性质

研究区砂岩的储集性质变化较不大，在平面上，西部砂岩的储集性质整体上要优于东部。西部砂岩孔隙度分布区间 14.3%～19.7%，渗透率分布区间为 39.8×10^{-3}～297.9×10^{-3} μm²；东部砂岩孔隙度 11.9%～17.3%，渗透率 3.1×10^{-3}～66.3×10^{-3} μm²。纵向上，八道湾组上部的砂岩储集性质整体上要优于下部储层，尤其显示在渗透率上。这种物性变化规律表明埋藏深度越小，储层的孔隙越发育。另外，相同孔隙度下粗中－粗砂岩的渗透率明显高于细中－中砂岩，后者又高于细－中细砂岩，反映砂岩粒径变粗其孔隙结构逐渐变好。所以，粗粒级储层是形成优质储层的必要条件，尤其在深埋条件下，要形成较优质储层其粒径需为中粗－粗粒砂。

4.4 砂岩的孔隙类型及其时空变化特征

4.4.1 孔隙类型

砂岩中主要发育3种类型的孔隙空间：

(1)粒间孔隙

为侏罗系砂岩中显孔的主要孔隙类型，且基本为剩余原生粒间孔隙，微量或少量粒间溶蚀孔隙(表4－1)。剩余原生粒间孔隙指原生粒间孔在机械压实、长石及石英的再生长或其他胶结作用充填后的剩余原生粒间孔隙，颗粒边缘无明显溶蚀现象。粒间孔隙在八道湾组对优质储层中均占优势，粒间孔占显孔比例大于80%的样品约占了87.5%～97.6%。粒间孔的发育程度与砂岩储集性呈较密切关系，如表4－1所示，砂岩渗透率小于$0.9\times10^{-3}\ \mu m^2$所对应的粒间孔占显孔的比例大部分小于65%。

表4－1 研究区八道湾组储层孔隙发育特征与压实减孔量统计表

序号	孔隙度/%	渗透率/($\times10^{-3}\ \mu m^2$)	主要粒级	塑性岩屑/%	面孔率/%		平均孔隙半径/μm
					粒间孔	颗粒溶孔	
1	20.21	50.78	中、细	6.80	4.05	0.10	64.50
2	12.37	2.07	中、细	10.00	1.98	0.40	57.60
3	16.24	282.91	细、中、粗	3.80	5.65	0.50	94.79
4	14.99	25.21	细、粗、中	5.20	3.12	0.43	57.90
5	11.77	1.70	粗、中、细	7.00	1.02	0.22	43.30
6	9.69	0.16	中、细	14.00	0.56	0.27	31.50
7	15.37	232.13	细、中、粗	4.40	4.70	0.65	3.70
8	8.97	0.18	粗、中、细	11.25	0.42	0.25	0.32
9	17.06	25.86	中、细	14.09	5.25	1.13	3.90
10	16.33	36.58	细、中	9.875	5.00	1.00	0.28

续表 4-1

序号	孔隙度 /%	渗透率 /($\times10^{-3}$ μm^2)	主要粒级	塑性岩屑 /%	面孔率/%		平均孔隙半径/μm
					粒间孔	颗粒溶孔	
11	9.65	0.99	中、细	9.60	0.50	0.80	60.82
12	13.03	78.08	细、中、粗	8.20	2.82	0.44	82.30
13	6.78	0.46	中、细	9.60	0.42	0.34	52.90
14	9.07	0.15	细	17.60	0.36	0.29	46.10
15	18.82	33.10	中、细	9.70	6.60	0.30	53.10
16	17.35	52.63	中、细	9.60	3.15	0.35	27.80
17	11.18	1.62	中、细	—	0.50	0.80	—
18	9.73	0.36	细、粗、中	23.30	0.19	0.25	26.80
19	10.77	0.47	细、中	7.90	0.36	0.17	—
20	10.78	30.81	粗、细、中	7.70	2.69	0.23	45.80
21	8.73	0.31	中、细	10.50	0.76	0.53	22.80
22	10.56	0.36	中、细	13.90	0.23	1.26	38.20

(2)颗粒溶蚀孔隙

为八道湾组砂岩中显孔的次要孔隙类型，主要为长石和火山岩屑的选择性不均一溶蚀作用形成，包括颗粒边缘溶蚀，孤岛状粒内溶蚀孔隙，条纹条带状粒内溶蚀孔隙和铸模孔。此类孔隙在研究区东部的八道湾组砂岩中为显孔中的优势孔隙类型(图4-8)，其他地区的颗粒溶孔也较发育,但颗粒溶孔的绝对量较低，一般小于1.0%；如前所述，随着砂岩粒径变细和埋藏深度变大，颗粒溶蚀孔隙所占的比例显著增加。

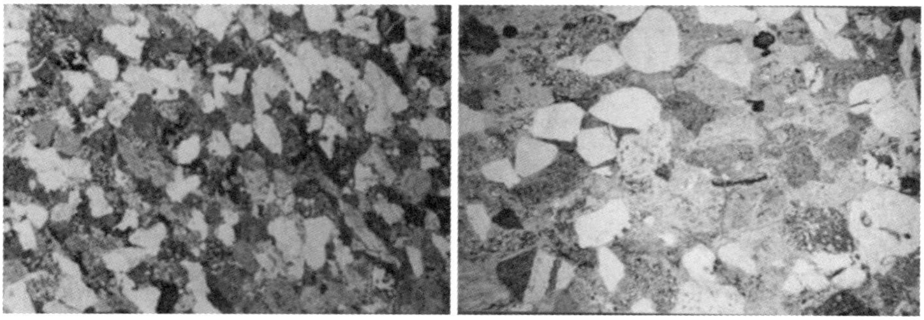

图 4-8　颗粒溶蚀孔隙显微特征(白 832 井八道湾组)

(3)微孔隙或晶间孔

微孔隙或晶间孔占据孔隙体积的绝大部分。包括高岭石晶间孔、黏土杂基微孔、粒间微孔和颗粒内微孔等，但此类孔隙对渗透率的贡献非常小。

4.4.2 储集空间组合类型

侏罗系砂岩中有 4 种储集空间组合类型，即剩余原生粒间孔隙型、颗粒溶孔 - 剩余原生粒间孔型、剩余原生粒间孔 - 颗粒溶孔型和颗粒溶孔 - 微孔型。前两者是该区主要的、也是油气勘探上最重要的储集空间组合类型，主要分布于八道湾组非煤系储层中，部分地区深度小于 2000 m 的八道湾组的中 - 粗砂岩也发育该两类型；后两类型主要分布于八道湾组中下部储层中，或深度大于 2200 m，或岩性较细(中细 - 细砂岩)的砂岩中。储集空间的组合类型不同，其储集性质也有较大差异，前两类型的储集性质明显优于后两类型，尤其表现在渗透率上。

(1)剩余原生粒间孔隙型

剩余原生粒间孔的面孔率占显孔的比例一般大于 85%。颗粒溶孔很少见，微孔所占的比例也相对较小。原生粒间孔是非煤系地层中砂岩储集空间的主要孔隙组合类型；对煤系地层而言，仅部分砂岩储层以剩余原生粒间孔隙型为主。在岩性上主要分布于中 - 粗粒级砂质岩中，这与岩性粗、孔隙保存条件变好有关。该组合类型的砂岩孔隙度一般在 15% ~20% 或以上，渗透率在几十至几百毫达西，属于优质或相对优质储层。

(2)颗粒溶孔 - 剩余原生粒间孔型

颗粒溶孔 - 剩余原生粒间孔隙型是仅次于剩余原生粒间孔隙型的一种孔隙组合类型。砂岩的颗粒溶孔占面孔率的比例一般小于 20%，剩余原生粒间孔一般占面孔率的 80% 左右。主要分布于非煤系的砂岩和埋藏深度小于 2000 m 的煤系地层中 - 粗砂岩中；深度大于 2000 m 的砂岩原生孔隙因较强压实而显著减少，颗粒溶孔的相对比例增大。该组合类型的砂岩的储集性质较优，平均孔隙度在 12% ~ 20%，渗透率在几十至上百毫达西。

(3)剩余原生粒间孔 - 颗粒溶孔型

该类型储层的颗粒溶孔占面孔率的百分比大于 50%，最高可达 80% 以上，主要分布于煤系地层的细粒级砂岩或埋藏深度较大的煤系地层的粗粒级砂岩以及非煤系地层细粒级砂岩。砂岩孔隙度一般在 8% ~15%，渗透率一般小于几个至几十个毫达西。

(4)颗粒溶孔 - 微孔型该类型的砂岩粒间孔隙极不发育，以微孔隙和颗粒溶孔为主，且孔径细。主要分布于埋藏深度较大的煤系砂岩。颗粒溶孔的直径变化较大，但连通性差，基本上为孤立状态，故砂岩的储集性质差。即使砂岩有较高的孔隙度，其渗透率也很低，如白 832 井八道湾组平均砂岩孔隙度为 11.0%，平

均渗透率仅 $0.40 \times 10^{-3} \mu m^2$。

4.5 侏罗系砂岩储层的控制因素

砂岩储集体沉积后，其成岩作用和孔隙演化受到两大方面地质作用的控制（图4－9）。一为砂岩自身的物质特征，它对砂岩的成岩作用和孔隙演化施加影响的主要因素有成分成熟度、结构成熟度和粒径；二为砂岩所处的地质背景或盆地动力学特征，诸如盆地的地热场、流体性质及与岩石的相互作用（地层水和大气渗入水等）、构造演化轨迹和构造变形作用等。地温场对砂岩的成岩作用和孔隙演化产生显著影响。它不仅表现在提高水－岩反应速率，更主要的是显著加快了砂岩的机械压实作用。相同孔隙度下，我国东、西地区油气盆地砂岩储层的埋藏深度可差达1500～2500 m，即2.0～2.5℃/100 m的地温梯度差引起的砂岩压实效应等同于1500～2500 m的上覆正常地层静压效应（寿建峰等，1998）。构造演化史（或确切地说为砂岩经受的热演化轨迹）对砂岩的成岩作用也有重要的控制作用，不同的热演化轨迹有不同的砂岩压实效应，经历早期缓慢埋藏－晚期快速埋藏的热演化轨迹的砂岩比早期快速埋藏－晚期缓慢埋藏的热演化轨迹砂岩的压实效应要弱（朱国华、寿建峰，1996；1998）。除此以外，盆内或盆缘的构造变形方式和变形强度对砂岩成岩作用也有较重要的影响，（寿建峰，朱国华等，1998）。因此，将砂岩储层的形成置于盆地的动力演化过程中，研究砂岩成岩的成因机制和成因类型，对储层地质预测是十分必要的（寿建峰，1998）。

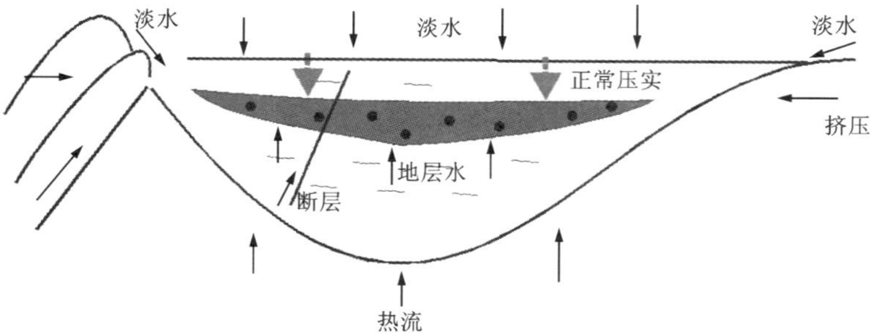

图4－9　砂岩成岩作用的主要参量示意图（据寿建峰，2017）

准噶尔盆地侏罗系八道湾组砂岩的自身物质特征基本上具有相似性，即它们的成分成熟度和结构成熟度基本相似；砂岩中因成岩胶结作用而损失的孔隙量一般小于3%，且全区变化较小；砂岩的填隙物总量在全区也相近，一般小于5%。这些岩矿特征为全区砂岩的成岩压实规律研究奠定了基础。砂岩岩石学特征上的主要差异在于砂岩的粒径、塑性岩屑含量以及地层岩性组合不同所引起的成岩水介质的变化(如煤系地层和非煤系地层)，这3个参量分别对砂岩的成岩压实产生明显影响。地质背景对砂岩成岩作用产生影响的主要因素在于盆地的地温场和埋藏史。

4.5.1　成岩压实作用

压实作用减孔量占总孔隙损失量的58%～94%，且随着深度增加，砂砾岩的减孔量也逐渐增加。上已述及，研究区八道湾组砂岩的储集空间类型以剩余原生孔隙为主、且胶结减孔量普遍较小。因此，成岩压实减孔作用是砂岩原生孔隙变化的一个主要因素。统计表明，研究区八道湾组砂砾岩压实减孔量远大于胶结减孔量，胶结减孔量一般小于10%，平均5.3%左右；而压实减孔量基本大于15%，最大达27.4%，平均20.6%左右(表4-2)，它占砂岩总孔隙损失量的58%～94%[=压实减孔量/(压实减孔量+胶结物含量)]。也就是说，砂岩的压实减孔量平均接近于胶结减孔量的4.3倍。因此，研究砂岩的成岩压实规律对于储层性质的评价和预测是十分重要的。

表4-2　八道湾组砂岩压实减孔量与胶结减孔量对比表

粒级	物性		碎屑组分/%			塑性岩屑/%	胶结物/%	压实减孔量/%
	孔隙度/%	渗透率/mD	石英	长石	岩屑			
细中	13.43	3.71	32.8	25	42.2	6.9	6.4	18.6
细粒	12.45	1.75	29.3	24.2	46.5	11.1	6.8	19.3
粗粒	16.7	400.04	29.6	21	49.4	3.6	4.9	15.8
中粒	16.37	266.83	32	21	45.7	4	5.7	16.5
细粒	14.13	10.09	29.9	23.5	46.6	7.1	6.8	18.1
中粒	13.48	5.69	29.5	18.8	51.8	5.3	5.2	19.2
细粒	10.7	0.53	30.1	21.6	48.3	16.8	6.1	22.3
中粒	10.26	0.2	35	21.2	43.7	10.9	6.5	21.2
细粒	9.16	0.11	31.3	20.4	48.4	18	6	23.3
中粒	11.57	1.85	30.6	22.1	47.3	8.5	6.7	19.7
细粒	9.31	0.22	29.4	25.1	45.4	11.8	7.6	23
粗粒	14.96	201.56	37.1	17	45.9	1.5	3.2	17.9
中粒	15.75	112.71	34.7	21.9	43.4	5.4	3.7	19.2

续表 4-2

粒级	物性		碎屑组分/%			塑性岩屑/%	胶结物/%	压实减孔量/%
	孔隙度/%	渗透率/mD	石英	长石	岩屑			
细粒	9.98	0.66	27	22.9	50.1	16.3	3.1	24
细粒	5.76	0.45	32.5	23.8	43.7	13.8	3.6	27.4
细粒	9.79	0.28	24.8	17.8	57.3	20.8	4.3	25.3

4.5.2 砂岩成岩物质特征

研究区八道湾组影响砂岩储集性质的成岩物质特征有砂岩成分成熟度、结构成熟度、砂岩粒径和各种填隙物含量等。除了西区砂砾岩的结构成熟度较低对储集性质有影响外，其他地区砂质岩的岩矿成分成熟度、结构成熟度和填隙物总量基本相似，对各地区和各层位储集性质的影响程度基本一致。但通过研究表明，从砂岩成岩物质特征研究该区砂岩的成岩作用和孔隙演化的因素和机理不能只限于传统意义上的岩矿成分成熟度(即石英/长石 + 岩屑)，因为该区岩矿上的成分成熟度基本上是一样的；从而本书提出塑性岩屑含量的概念，因此，对砂岩储集性质产生明显控制作用的关键成岩物质特征主要包括砂岩的塑性岩屑含量、砂岩的粒径和地层的岩性组合特征。这些成岩物质参量不仅控制砂岩的压实速率，使压实作用加强，而且影响砂岩的孔隙结构，使相同孔隙度下的渗透率明显降低。

4.5.3 塑性岩屑含量

塑性岩屑含量增加会加速减少孔隙空间，也使孔喉结构变得复杂，砂岩中的千枚岩、板岩、泥岩和水化凝灰岩等塑性岩屑的可形变性明显大于其他碎屑组分，塑性岩屑含量越高，则对储集性质的影响越大。同时，岩屑组分中的塑性岩屑的可缩性越强，其影响也增强。同时，埋藏深度处于1500~3500 m时的影响更明显。因为埋藏深度很小时，砂岩所受的上覆载荷小，不致以使这种影响明显地表现出来，除非塑性岩屑含量很高。如埋藏深度很大，则各种不同组分的砂岩均处于强压实或过压实状态，从而也使这种影响显示不明显。

随着塑性岩屑含量的增加，砂岩孔隙度和渗透率均明显降低，尤其对渗透率的影响更加显著。当八道湾组砂岩的塑性岩屑含量从5%增至10%时，孔隙度由12.3%降至10.0%，降低了2.3%，降低率为18.7%；而渗透率由$5.0\times10^{-3}\ \mu m^2$降至$0.7\times10^{-3}\ \mu m^2$，降低$4.3\times10^{-3}\ \mu m^2$，降低率达86.0%；并且随着塑性岩屑从5%降至2%时，孔隙度和渗透率升高幅度更大。

4.5.4　砂岩粒径

粒径对储层的影响体现在相对粗粒级砂岩常常是相对优质储层。在成岩物质的控制参量中，砂岩粒径对储层性质的影响普遍而又较大，是储层性质评价、预测中必须考虑的重要因素。粗粒级碎屑岩组分中的岩屑含量明显偏高，但易磨蚀的各种陆源抗磨性弱的塑性岩屑含量等明显偏低，从而利于形成优质储层；此外，粗粒级砂岩的表面积较小，颗粒之间的支撑力较大，尤其当颗粒形成次生加大时，其自身的抗压性也增强。因此，相对粗粒级砂岩往往是相对优质储层。这种现象不仅存在于准噶尔盆地，还广泛出现于塔里木盆地、柴达木盆地、鄂尔多斯盆地、吐哈盆地和东部诸多盆地；特别是在低孔、低渗地区寻找相对优质储层更应着眼于粗相带，而不能笼统地着眼于所称的有利相带。通常认为较有利的三角洲前缘河口坝砂体则由于粒级偏细，其储层性质反而较三角洲平原砂体和前缘分流河道砂体差。

统计表明，八道湾组砂岩粒径从细砂岩至中砂岩，孔隙度增加约2.3%，渗透率约增加一个数量级(从 $10.1\times10^{-3}\ \mu m^2$ 到 $266.8\times10^{-3}\ \mu m^2$)；由中砂岩至粗砂岩，孔隙度约增加0.3%，而渗透率约增加 $133.2\times10^{-3}\ \mu m^2$(从266.8到 $400.0\times10^{-3}\ \mu m^2$)。其增幅小于细砂岩至中砂岩，即细砂级与中砂级是储层性质控制作用和评价预测上的一个对储层成岩和储集性质影响较明显的岩性界线，这一界线也恰恰与塑性岩屑含量大幅度变化的界线吻合(图4-10)，所以粒径的影响中也包含了塑性岩屑的影响。从莫索湾-莫北地区的资料看，随着埋深的加大或成岩作用的加强，这个岩性界线的粒径要变大。

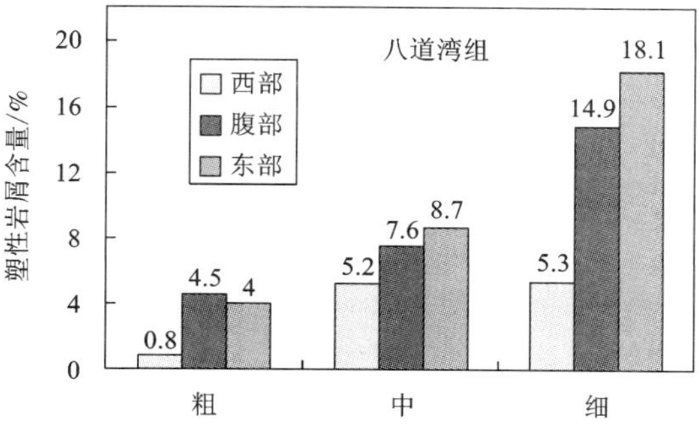

图4-10　八道湾组砂岩塑性岩屑含量与粒级关系

4.5.5 煤系砂岩的强化学成岩作用

煤层引起的早期溶蚀－压碎作用对储层性质有重要影响。国内外诸多学者对煤系地层的成岩作用特点做过总结，认为煤系地层砂岩储层的储集性质普遍差于非煤系地层。一般把这种原因归于煤系地层砂岩中有丰富的有机酸生成，使其化学成岩作用变得较强，主要为高岭石的沉淀和石英、长石的次生加大。本书的研究表明，相比较而言，煤系砂岩的化学成岩作用一般要强于非煤系砂岩（主要表现在高岭石、硅质和菱铁矿的沉淀和早期溶蚀作用），这是煤系砂岩成岩作用中的一个特点，而且通过这种化学成岩作用而使得煤系地层砂岩的化学－物理作用也大大增强——溶蚀－压碎（即早期溶蚀引起骨架抗压性降低、压实作用加快）。这是煤系储层物性普遍差于非煤系储层的主要原因之一。

准噶尔盆地其他煤系储层分析表明，对中细－细砂岩而言煤系地层中的储层与非煤系地层中的储层之间在一定深度下的孔隙保存量差值可用下式表示：$\Delta\Phi = \Phi_{非煤} - \Phi_{煤} = -0.000107722H + 1.0916137$（$H$ 大于 2000 m），式中，$\Phi_{非煤}$为图 4－11 中非煤系细（含中细）砂岩回归方程；$\Phi_{煤}$为煤系细－中细砂岩回归方程。在埋藏深度 2000～3000 m，煤系储层与非煤系储层之间的孔隙保存量差值并不大，为 0.71%～0.88%。随着深度的增加，其差异略减小。2000 m 处受煤系地层早期溶蚀－压碎影响多损失的孔隙度为 0.88%，3000 m 降至 0.77%，3500 m 变为 0.71%。估计大于 3500 m，其差异小于 0.7%。

对细中－中砂岩而言，煤系与非煤系储层之间在一定深度下的孔隙保存差异量可用下式表示：$\Delta\Phi = \Phi_{非煤} - \Phi_{煤} = -0.000213409H + 3.60072698$（$H$ 大于 2000 m），式中，$\Phi_{非煤}$为图 4－12 中非煤系细中－中砂岩回归方程，$\Phi_{煤}$为煤系细中－中砂岩回归方程。在埋藏深度 2000～4000 m 区间，煤系储层与非煤系储层之间的孔隙保存量差值为 2.75%～3.17%，4000 m 处仍达 2.75%。其变化规律也随深度的增加，孔隙保存量差值减小；但在一定深度下，细中－中砂岩的孔隙保存量差值明显大于中细－细砂岩。这与较大深度处较强的压实在一定程度上掩盖了这种溶蚀－压碎作用引起的孔隙保存量的差异有关。

对粗中－粗砂岩而言，煤系与非煤系储层之间在一定深度下的孔隙保存量差值可用下式表示：$\Delta\Phi = \Phi_{非煤} - \Phi_{煤} = -0.000067127H + 1.691818544$（$H$3000～4500 m），式中，$\Phi_{非煤}$为非煤系粗－中砂岩回归方程，$\Phi_{煤}$为煤系粗－中砂岩回归方程。在埋藏深度 3000～4500 m 区间，煤系储层与非煤系储层之间的孔隙保存量差值为 1.42%～1.56%。可以预测，小于此深度的孔隙保存量差值会更大。

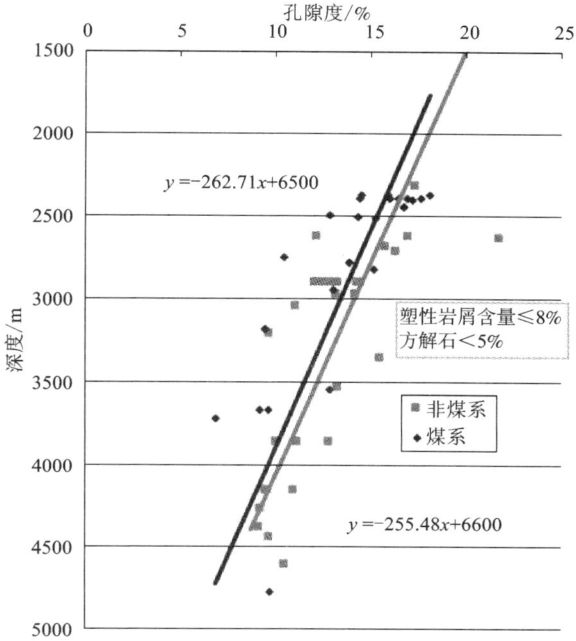

图 4－11　非煤系与煤系塑性细砂岩孔隙度与深度关系

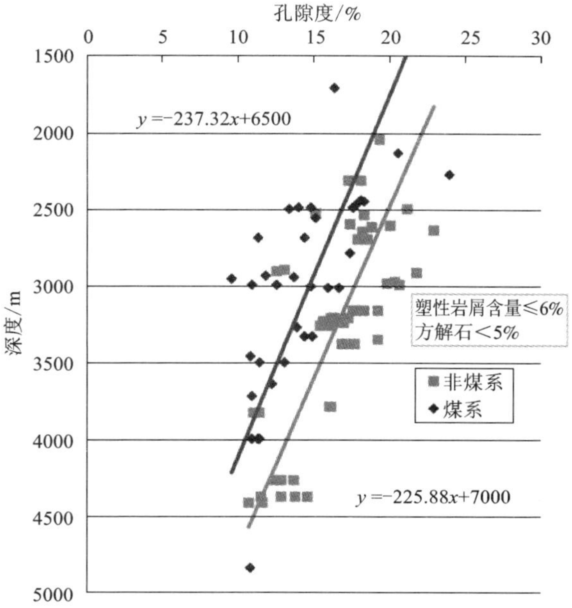

图 4－12　非煤系与煤系塑性中砂岩孔隙度与深度关系

5 有利勘探目标优选

八区八道湾组斜坡区八2砂层组和八5砂层组均有油气显示，尤其是白832井八2砂层组，日产油可达10.3 t(图5-1)，玛湖2井八5砂层组日产油6.4 t。另外，还有油气显示井，包括白833井和玛湖4井等。这些油气井和油气显示井预示着八区斜坡带具有良好的油气勘探价值，但是目前对该区八道湾组油气藏类型和成藏机理仍然不甚清楚。本次研究过程中根据沉积相特征和地层接触关系，探讨研究区八道湾组八2砂层组和八5砂层有利的勘探区块。

5.1 八2砂层组岩性圈闭形成条件

在八道湾组地层标定的基础上，通过八2层地震属性提取，得出均方根振幅属性提取图。图中白832—白831—129—白803—白807—452—451—448井周围振幅较强，且该区块西部突变为弱振幅(图5-2)，分析认为该强振幅区块可能为八2砂层组有利圈闭分布区块。

通过该有利区块的地震剖面显示，均方根强振幅属性区对应强振幅同相轴，而均方根弱振幅属性区对应弱振幅同相轴。由强均方根振幅属性区向弱均方根振幅区，强振幅同相轴突变为弱振幅同相轴，甚至出现八2砂层组对应的同相轴被削蚀的现象(图5-3)，从而形成强同相轴对应砂体形成上倾尖灭圈闭。

测井资料中也反映出八2砂层组砂体上倾尖灭。根据穿过该有利区块的连井剖面，也可以分析八2砂层组砂体的展布特征。

(1)401—白803—白805剖面：白805井中八2砂层组砂体厚约4 m，向西至白803井砂体厚度变为10 m，而白803井西部的401井并不发育这套砂体(图5-4上)，因此，可以判断该砂体向西发生了尖灭。

(2)461—白833—129井剖面：129井八2砂层组上部砂体厚约10 m，向西至白833井该砂体厚约6 m，而至461井不发育该砂体(图5-4中)。因此，可以判断该砂体在白833井和461井之间发生了尖灭。该砂体尖灭是由于八1砂层组底部的侵蚀作用造成的。对比图中可以看出461井八1砂层组下部发育厚层砂岩，该砂岩为辫状河流相沉积，正是由于辫状河道对下部地层的侵蚀作用才造成八2砂层组上部砂体的缺失。

(3)白832—白831—241井剖面：该剖面中241井八2砂层组下部砂体厚约

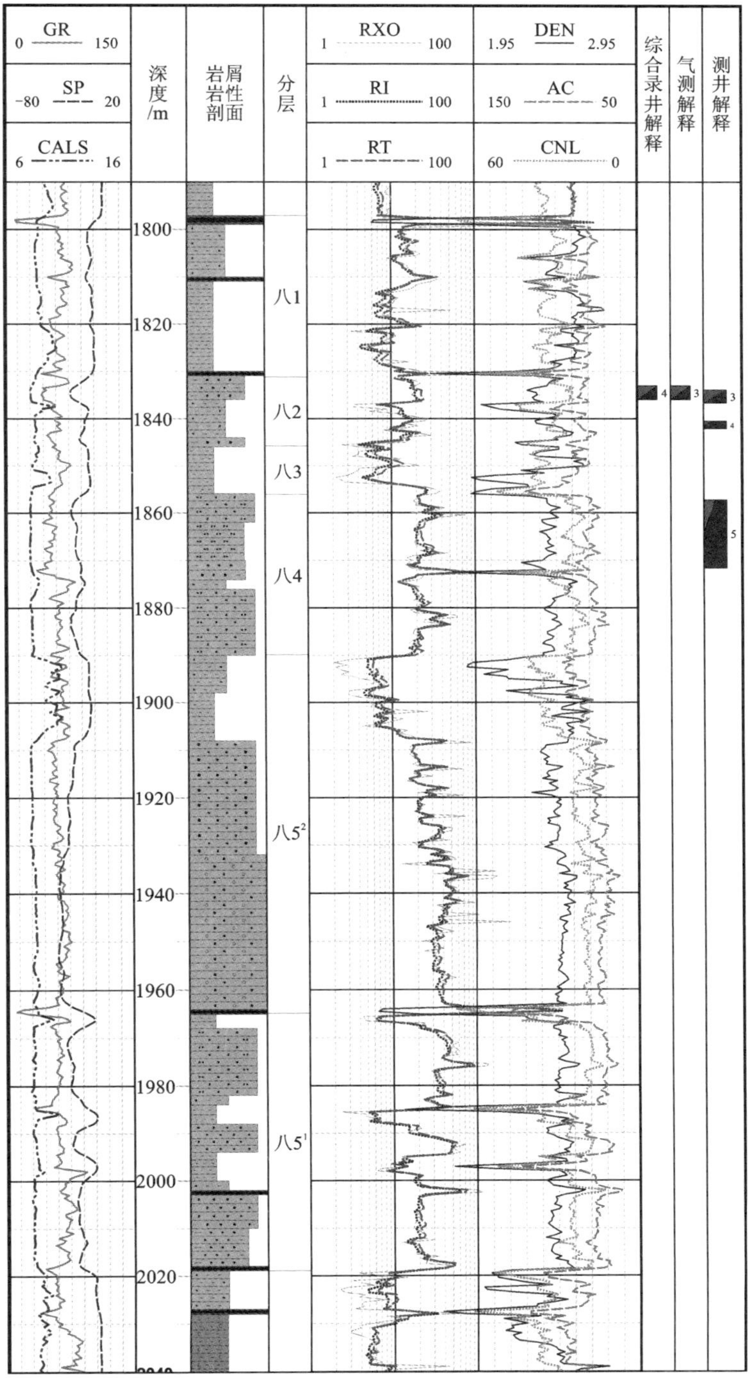

图 5-1　白 832 井八道湾组八 2 砂层组油气层特征

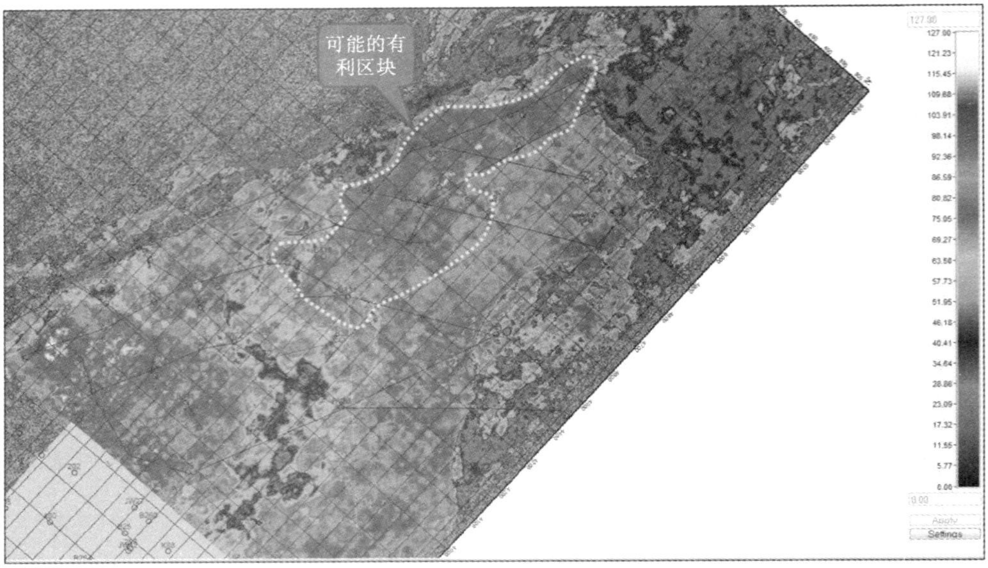

图 5－2　八区八道湾组八 2 砂层组均方根振幅属性提取图中的可能的有利区块分布区（彩图见附录）

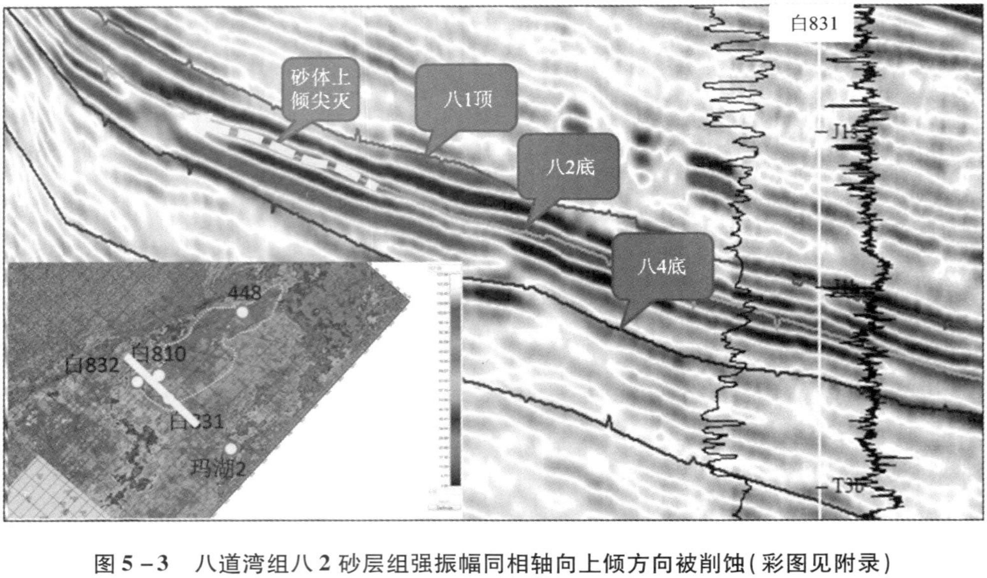

图 5－3　八道湾组八 2 砂层组强振幅同相轴向上倾方向被削蚀（彩图见附录）

10 m，至白 831 井砂体厚度 5 m，向西至白 832 井不发育该砂体(图 5－4 下)，表明该砂体由于相变而发生了尖灭。

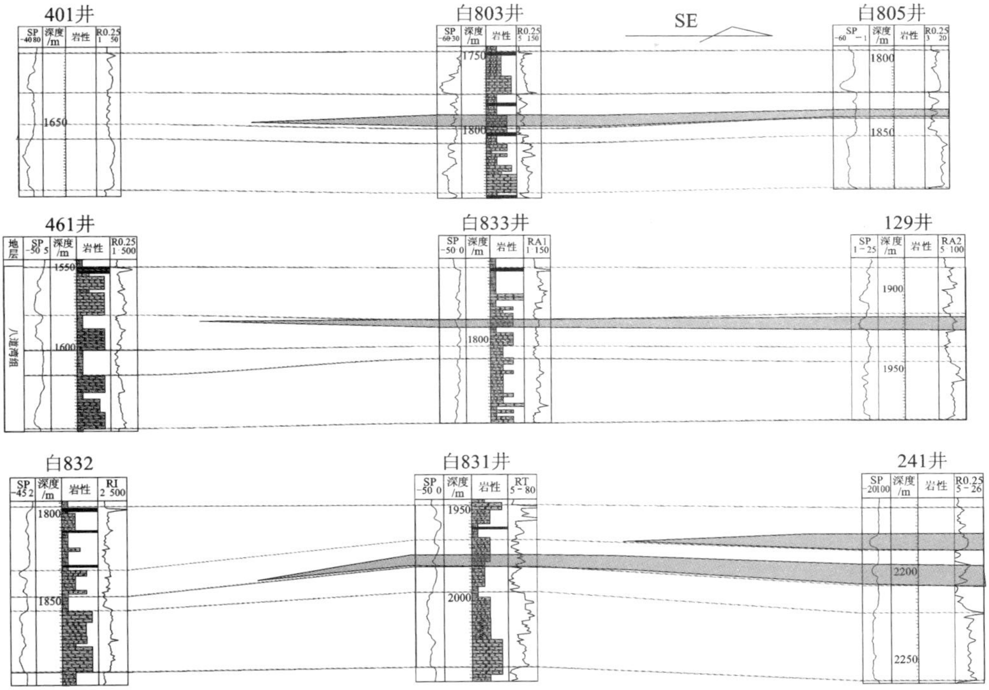

图 5－4 八道湾组八 2 砂层组砂体连井对比图

(4)克 86—检 182—452 井剖面：该剖面发育八 2 砂层组上部砂体，其中 452 井砂体厚约 6 m，向西至检 182 井，该砂体厚约 5 m，而在克 86 井不发育该砂体，因此，该砂体在克 86 井和检 182 井之间发生尖灭。造成该砂体尖灭的原因为八 2 砂层组上部砂体受到上覆地层的侵蚀作用。克 86 井八 1 砂层组下部发育厚层辫状河流相砂岩，正是由于辫状河流对下部地层的侵蚀作用，才使得克 86 井不发育八 2 砂层组上部砂体。

(5)克 485—白 833—检乌 7—452—397 井横向连井剖面：该剖面八 2 上部砂体发育在白 833、检乌 7 和 452 井中，其中，452 井该砂体厚约 4 m，检乌 7 井厚约 8 m，白 833 井中厚约 6 m。克 485 和 397 井不发育该砂体，因此，该砂体向这两口井尖灭，这与均方根振幅属性提取信息一致。造成八 2 上部砂体尖灭的原因仍然是八 1 砂层组底部发育辫状河流相砂体，该砂体是在辫状河流对下伏地层(八 2

砂层组）侵蚀之后沉积的。正是由于辫状河流对八2上部地层的侵蚀，才使得八2上部砂体发生尖灭。

（6）白823—白831—129—白805—451井横向连井剖面：该剖面八2下部砂体发育在白831、129、白805井中，其中，白831井厚约4 m，129井厚约8 m，白805井厚约6 m。该砂体在白823井和451井中不发育，因此，形成向白823和451井的砂体尖灭。该尖灭是由于沉积相类型发生变化造成的，即有辫状河三角洲前缘砂岩变为支流间湾泥岩。

八1砂层组对下部地层的侵蚀作用是八2砂层组形成岩性尖灭的重要原因，因此要摸清岩性圈闭在平面上的分布情况，必须明确侵蚀作用或侵蚀沟谷在平面上的分布情况。为此本次研究在地震层位解释的基础上，对地震剖面上侵蚀沟谷进行追踪，并勾画出侵蚀沟谷在研究区的分布范围（图5－5）。南部侵蚀沟谷位于529井—白833—白702等井一线周围；北部侵蚀沟谷位于克801—白806—检182—530等井一线周围。

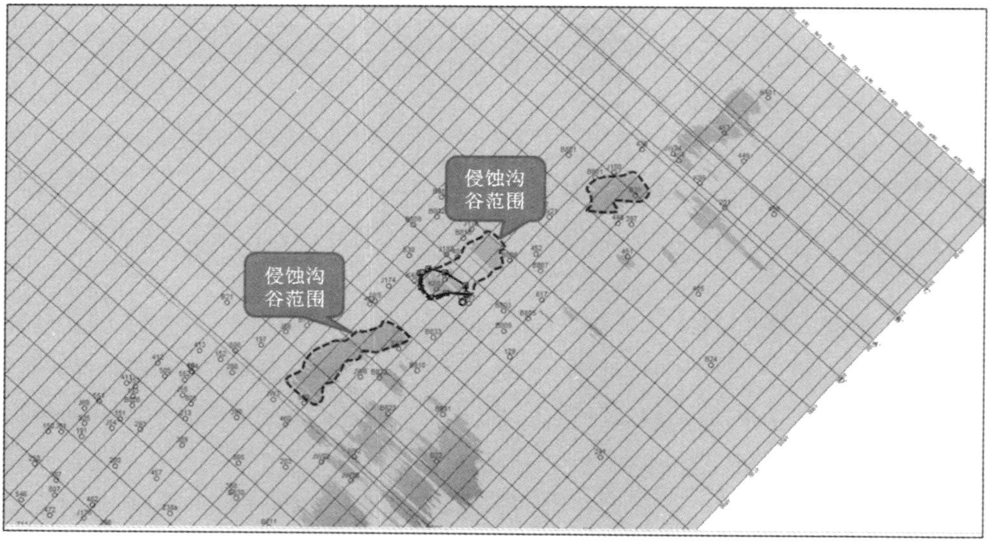

图5－5　八道湾组八2砂层组侵蚀沟谷分布范围

为了验证侵蚀沟谷对八2砂层组中砂体分布的影响，本次研究做了2条过侵蚀沟谷的连井对比剖面（图5－6）。检56—检乌6—白832—白831井南部连井剖面：八2砂层组砂体分布在检乌6、白832和白831井，其中上部砂体仅分布在白

832 和白 831 井中。这主要是上部地层辫状河流相侵蚀沟谷对下部八 2 砂层组顶部地层的侵蚀作用造成的。由于检乌 6 井靠近南部侵蚀沟谷，八 1 砂层组下部发育厚层辫状河流相砂岩，正是由于辫状河流对检乌 6 井八 2 砂层组上部砂体的侵蚀作用，才使得检乌 6 井缺失该砂体(图 5 -6)。

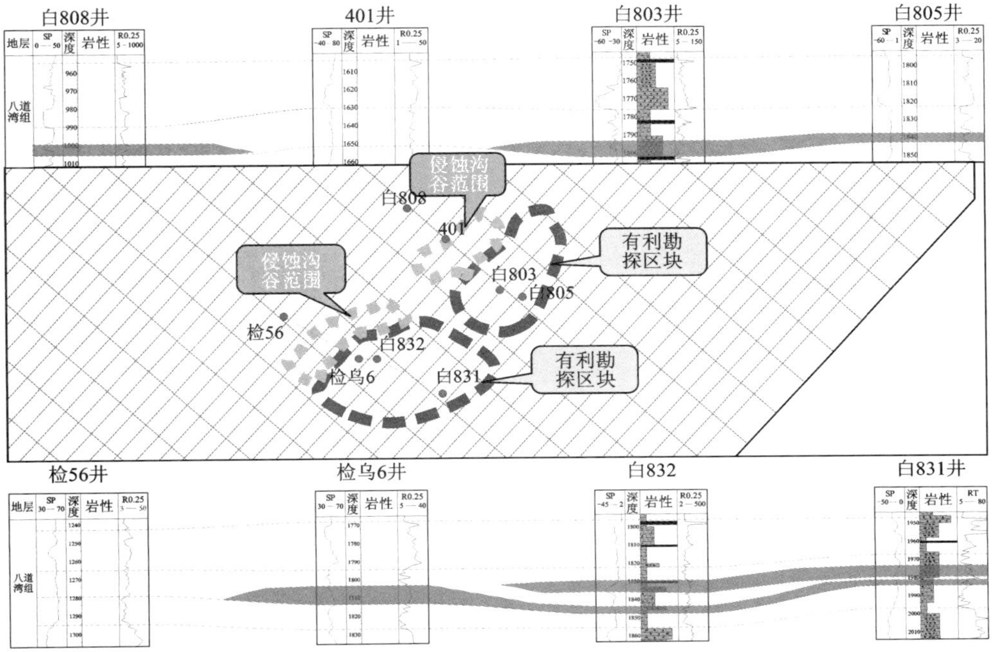

图 5 -6　八道湾组八 2 砂层组过侵蚀沟谷连井对比

在勾画侵蚀沟谷的基础上，结合砂体厚度平面分布，圈出八 2 砂层组有利的勘探区块(图 5 -7)。八道湾组八 2 砂层组有利圈闭区块 1 位于白 832—克 458—白 823 井区周围，面积约为 1.7 km^2；有利区块 2 位于白 806—白 803—452 井周围，面积约为 1.8 km^2。

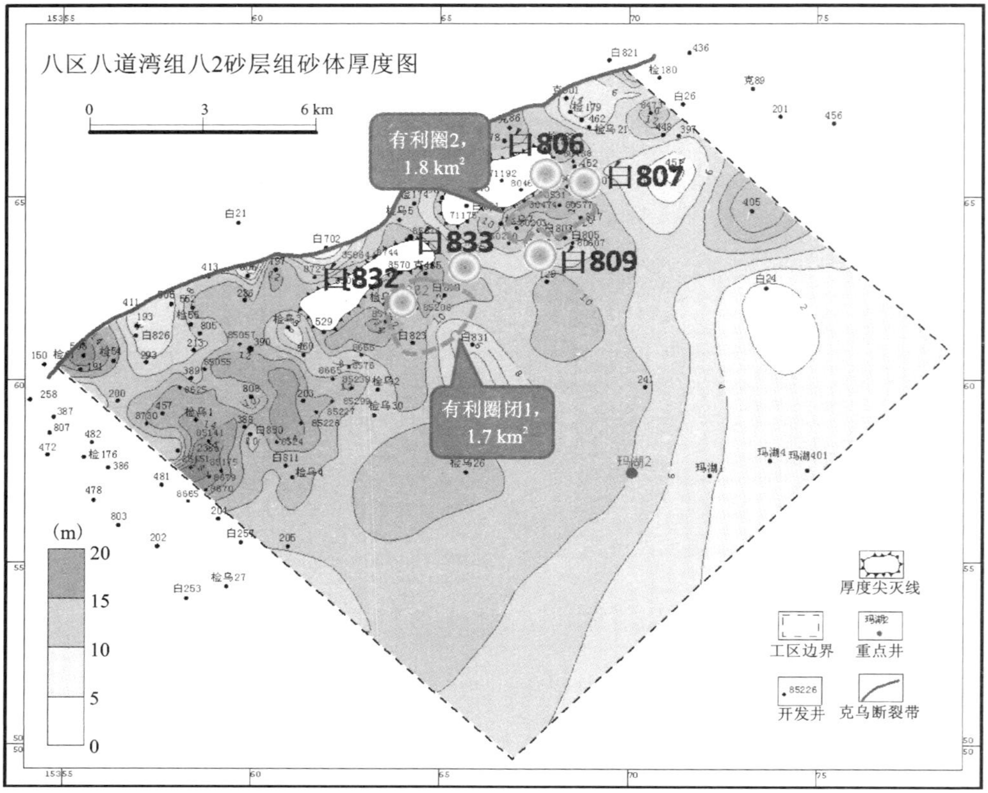

图 5-7　八道湾组八 2 砂层组有利勘探区块(彩图见附录)

5.2　八 5 砂层组岩性圈闭形成条件及有利勘探区块预测

试井资料显示，玛湖 2 井在八 5^2 砂层组顶部获得工业油流，日产油 6.4 t，预示八 5 砂层组具有良好的勘探潜力。地震剖面资料显示玛湖 2 井上倾方向存在侵蚀沟谷，正是由于侵蚀沟谷中沉积物的遮挡作用使得油气聚集成藏，这与白 832 井八 2 砂层组成藏机理具有相似性。

地震剖面 1(图 5-8)显示，八 4 砂层组底界对八 5 砂层组产生强烈的侵蚀作用，因此，八 5 砂层组缺失了上部地层，侵蚀沟谷在八 4 砂层组沉积期开始充填沉积。八 4 砂层组在玛湖 2 井周围以三角洲平原沉积为主，岩性类型以泥岩为主，因此侵蚀沟谷中的泥岩和粉砂质泥岩起到遮挡作用，使玛湖 2 井周围的八 5 砂层组砂体形成上倾尖灭岩性圈闭。根据地震剖面，追溯该侵蚀界面，可以划出八 5 砂层组有利勘探区块。地震剖面显示，从玛湖 2 井向南北两侧均存在侵蚀沟谷规模变小，直至消失的趋势。

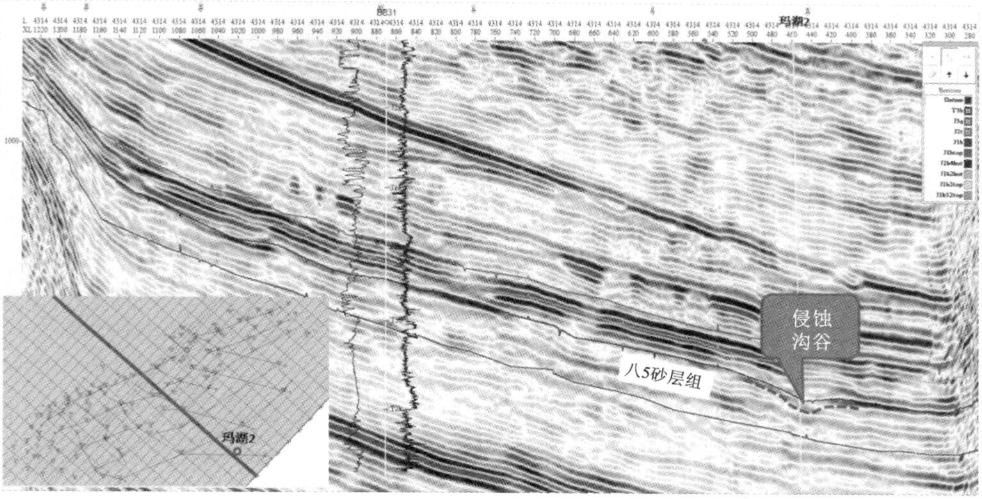

图 5-8　八道湾组八 5 砂层组过玛湖 2 井侵蚀沟谷

根据地震剖面勾画出侵蚀沟谷分布范围，进而勾画出八 5 砂层组有利勘探范围，面积约 17 km^2。通过该有利区块的波阻抗反演平面图可进一步确定有利区块的分布范围，该有利区块的波阻抗反演剖面也可见清晰的侵蚀现象，而侵蚀作用造成了八 5^2 砂体的向上倾方向的不连续（图 5-9、图 5-10）。

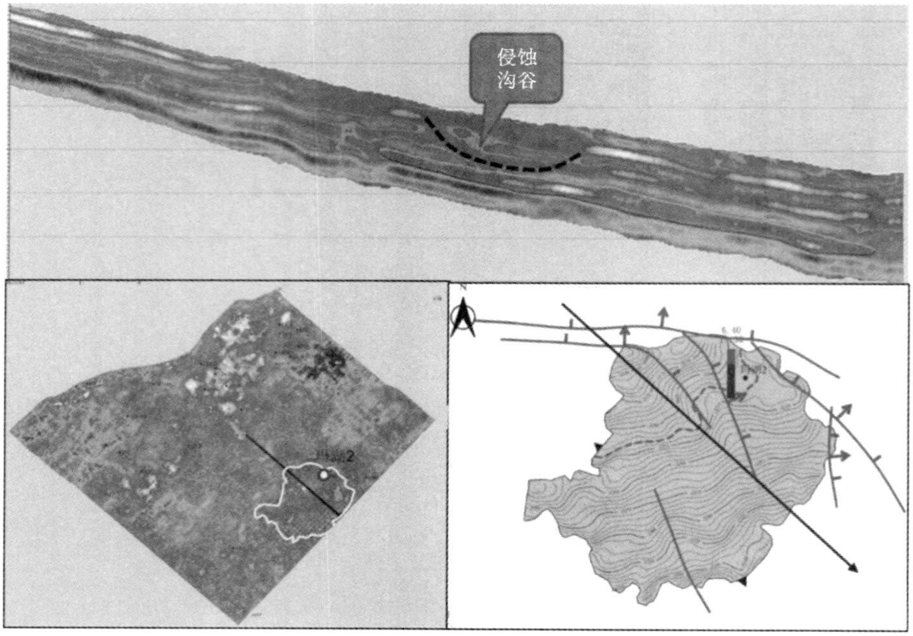

图 5-9　斜坡区玛湖 2 井圈闭八道湾组八 5 砂层组波阻抗反演剖面(一)(彩图见附录)

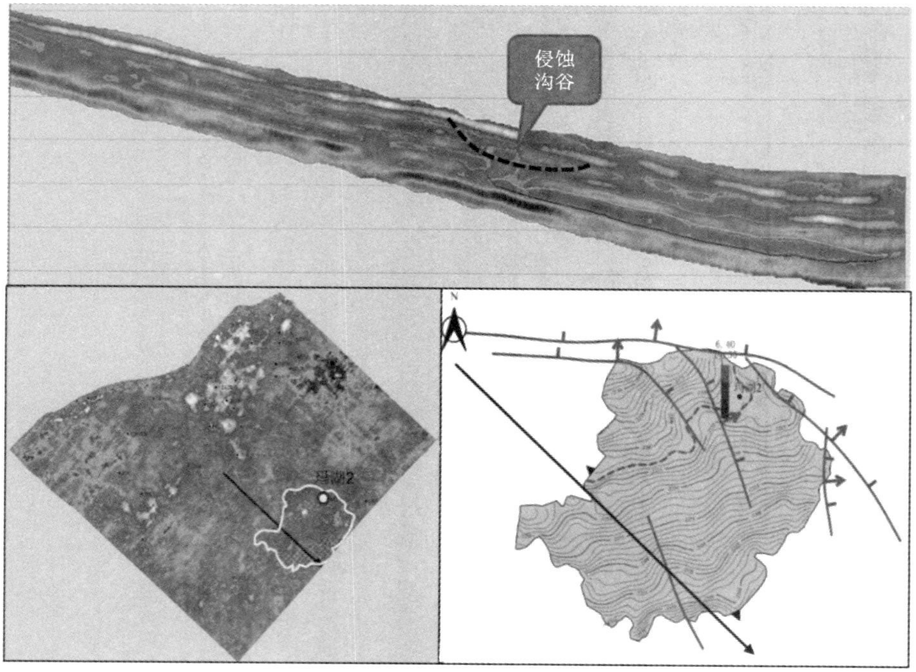

图 5-10　斜坡区玛湖 2 井圈闭八道湾组八 5 砂层组波阻抗反演剖面(二)(彩图见附录)

6　结论和建议

根据高精度层序地层学、沉积相、有利区块和油水层识别等方面分析可总结出如下结论：

(1)研究区八道湾组可识别出3个层序界面，分别位于八道湾组顶部、底部以及八4砂层组底部，其中八道湾和八4砂层组底部层序界面为Ⅰ型层序界面。这些层序界面也是研究区沉积相分析和有利区块分析的基础。

(2)根据这3个层序界面研究区可识别2个三级层序，自下而上分别命名为SQ1和SQ2层序。SQ1层序包括了八5砂层组所有地层，SQ2层序包括了八4至八1砂层组，另外，SQ1层序仅能识别出低位体系域和湖侵体系域，其高位体系域被上覆层序侵蚀殆尽。SQ2层序可识别出低位体系域、湖侵体系域和高位体系域，其中低位体系域包括八4砂层组，湖侵体系域包括了八3砂层组，而高位体系域包括了八2和八1砂层组。

(3)八道湾组的沉积相类型包括：扇三角洲相、湖泊相、辫状河三角洲相、辫状河流相等，其中扇三角洲相主要分布在八5砂层组，其特点是发育分选性差、粒度粗、分布广泛的砾岩；辫状河流相主要分布在八4砂层组，其以发育厚层含砾砂岩和分布稳定为特征；辫状河三角洲相主要分布在八2和八1砂层组，其特点为砂泥岩互层沉积，并在平原广泛发育煤层，另外，在部分井中可见典型的反韵律。

(4)研究区有利区块主要集中在八2和八4砂层组，其中八2砂层组为有利区块分布在白832井周缘以及白803井周围；八5砂层组有利区块主要分布在玛湖2井及其西南区域。通过地震资料可以分析认为：八2和八5砂层组油气聚集成藏有一个共同的特征是侵蚀沟谷的泥质等细粒沉积可以起到很好的遮挡作用。

(5)研究区油水层的识别依据是电阻率值与声波时差值相关性较差的层段是可能的油气层段，并结合气测曲线综合判断。研究认为气测曲线齐全，且存在气测异常高值区是可能的油气层段。

根据以上认识，针对研究区下一步勘探方向提出如下建议：

研究区储层极为发育，但研究区为单斜构造，因此，对于斜坡区油气勘探应以寻找岩性圈闭为主要目标。根据大量的地震资料分析认为研究区八道湾组侵蚀沟谷发育区常对应研究区较好油气显示区，因此岩性圈闭的勘探应以寻找侵蚀沟谷为主要目标。建议下一步勘探重点为开展八5砂层组内部、八4砂层组内部以及八2砂层组顶底和八1砂层组内部的侵蚀沟谷的形成机理和分布规律方面，并辅以八道湾组储层属性提取和反演工作。

参考文献

[1] 蔡佳. 南阳凹陷南部断超带古近系古地貌恢复及演化[J]. 特种油气藏, 2011, 18(6): 57-60.

[2] 陈永峤, 李伟华, 汪凌霞, 等. 鄂尔多斯盆地合水地区延长组—延安组地层分布特征[J]. 地层学杂志, 2011, 35(1): 41-47.

[3] 崔金栋, 郭建华, 李群. 准噶尔盆地莫西庄地区侏罗系三工河组层序地层学研究[J]. 中南大学学报(自然科学版), 2012, 43(6): 2222-2230.

[4] 郭正权, 张立荣, 楚美娟, 等. 鄂尔多斯盆地南部前侏罗纪古地貌对延安组下部油藏的控制作用[J]. 古地理学报, 2008, 10(1): 63-71.

[5] 巩建强. 正演模拟法在油气勘探中的应用[J]. 油气地球物理, 2009, 7(2): 13-17.

[6] 韩敏强, 蒲仁海, 刘海娟, 等. 鄂尔多斯盆地延长探区釉陶纪末古地貌恢复与储集层预测[J]. 石油与天然气地质, 2011, 32(5): 761-766.

[7] 何登发, 翟光明, 况军, 等. 准噶尔盆地古隆起的分布与基本特征[J]. 地球科学, 2005, 40(2): 248-261.

[8] 何登发, 陈新发, 况军, 等. 准噶尔盆地车排子—莫索湾古隆起的形成演化与成因机制[J]. 地学前缘, 2008, 15(4): 42-55.

[9] 胡少华, 李秀珍, 王庆果. 塔里木盆地志留纪地层分布及其地震层序特征[J]. 石油地球物理勘探, 2005, 40(增刊): 11-18.

[10] 加东辉, 徐长贵, 杨波, 等. 辽东湾辽东带中南部古近纪古地貌恢复和演化及其对沉积体系的控制[J]. 古地理学报, 2007, 9(2): 156-165.

[11] 姜华, 王华, 肖军, 等. 应用古地貌分析方法进行有利区带预测[J]. 石油勘探与开发, 2009, 36(4): 436-441.

[12] 李家强. 层拉平方法在沉积前古地貌恢复中的应用[J]. 油气地球物理, 2008, 6(2): 46-49.

[13] 李祖兵, 王建伟, 刘洋. 南堡凹陷5号构造沙河街组火山岩岩性分布及储集层特征[J]. 天然气地质学, 2010, 21(3): 413-420.

[14] 刘军钊, 张尚锋, 关键等. 准噶尔盆地西北缘车排子地区侏罗系扇三角洲沉积特征[J]. 特种油气藏, 2008, 15(5): 27-30.

[15] 罗顺社, 陈晓. 泌阳凹陷南部陡坡带核二段古地貌恢复及其对沉积体系的控制[J]. 石油天然气学报, 2011, 33(3): 1-5.

[16] 蒙启安, 纪友亮. 塔南凹陷白垩纪古地貌对沉积体系分布的控制作用[J]. 石油学报, 2009, 30(6): 843-848.

[17] 彭勇民, 向奎, 穆同雨. 准噶尔盆地中部2区块高分辨层序地层研究[J]. 中国地质,

2008, 35(2): 264 - 271.
[18] 祁利祺，鲍志东，吴博然，等. 准噶尔盆地西北缘侏罗系展布与层序地层格架特征[J]. 石油与天然气地质，2008，29(2)：261 - 267.
[19] 宋凯，吕剑文，凌升阶，等. 鄂尔多斯盆地定边—吴旗地区前侏罗纪古地貌与油藏[J]. 古地理学报，2003，5(4)：497 - 504.
[20] 唐华风，王璞珺，陈文礼，等. 相控误差法在少井区岩性分布研究中的应用J]. 新疆地质，2006，24(4)：384 - 388.
[21] 邬光辉，成丽芳，于红枫，等. 塔中上奥陶统台缘带高频层序地层特征与储集层纵向分布[J]. 新疆地质，2011，29(2)：203 - 206.
[22] 邢凤存，陆永潮，刘传虎，等. 车排子地区构造—古地貌特征及其控砂机制[J]. 石油与天然气地质，2009，29(1)：78 - 83.
[23] 杨友运，张英利，侯光才. 鄂尔多斯白垩系自流水盆地沉积特征、岩性分布与盆地演化规律[J]. 地球学报，2008，29(4)：405 - 413.
[24] 詹冶萍，杨香华，潘知峰，等. 江汉盆地潜江凹陷潜三段古地貌与砂体成因分析[J]. 古地理学报，2009，11(4)：406 - 412.
[25] 张营革，高秋菊，郝志伟，等. 地层油藏上倾尖灭点精细描述方法：以济阳坳陷为例[J]. 油气地球物理，2006，4(3)：35 - 39.
[26] 陈星，石永霞，赵彦文. 阜康西部矿区阜康向斜南翼深部煤层气资源潜力评价[J]. 内蒙古石油化工，2017，(04)：53 - 55.
[27] 陈新发，曲国胜，马宗晋. 准噶尔盆地构造格局与油气区带预测[J]. 新疆石油地质，2008，29(4)：425 - 430.
[28] 梁全胜，刘震，金博等. 准噶尔盆地东部阜东斜坡带中上侏罗统层序地层研究及岩性圈闭类型预测[C]//中国沉积学会等编. 第十一届全国沉积学大会论文集. 北京：石油工业出版社，2004：182 - 183.
[29] 旷理雄，郭建华，童小兰. 准噶尔盆地南缘东段油气成藏条件及成藏模式[J]. 地球科学与环境学报，2007(1)：34 - 40.
[30] 黄芸，马志亮，陈勇. 准噶尔盆地阜康凹陷浊积扇系统成藏特征[J]. 新疆石油地质，2011，32(2). 109 - 111
[31] 张明峰，熊德明，吴陈君等. 准噶尔盆地东部地区侏罗系烃源岩及其低熟气形成条件[J]. 天然气地球科学，2016，27(2). 261 - 267
[32] 于景维，郑荣才，祁利祺，等. 准噶尔阜康东部斜坡区中侏罗统头屯河组高分辨层序地层格架内储集层宏观非均质性研究[J]. 地质论评，2014，60(5)：1158 - 1166.
[33] 孙自明. 新疆博格达山北缘大龙口地区构造特征与油气勘探前景[J]. 现代地质，2015(1). 45 - 53
[34] 彭雪峰，田继军，汪立今，等. 新疆准噶尔盆地南缘八道湾组沉积特征与聚煤规律分析[J]. 中国地质，2010，37(6)：1672 - 1681.
[35] 田继军，杨曙光. 准噶尔盆地南缘下一中侏罗统层序地层格架与聚煤规律[J]. 煤炭学报，2011，36(1)：58 - 64.

[36] 谭育龙. 新疆准噶尔盆地东部下侏罗统沉积层序与岩相古地理研究[M]. 西安：西北大学，2016.

[37] 操应长，户瑞宁，王健，等. 准噶尔盆地阜东斜坡区侏罗系层序地层及沉积体系展布[J]. 东北石油大学学报，2016，40(6)：82－95.

[38] 胡平，徐恒，李新兵等. 准噶尔盆地东部侏罗纪含煤岩系沉积环境及基准面旋回划分[J]. 沉积学报，2006，24(3)：378－386.

[39] 孟繁有，德勒达尔，石新璞，等. 阜康断裂带侏罗系地层层序及砂层组划分[J]. 新疆石油天然气，2006，2(3)：1－5.

[40] 王佟，田野，邵龙义，等. 新疆准噶尔盆地早—中侏罗世层序—古地理及聚煤特征[J]. 煤炭学报，2013，38(1)：114－121.

[41] 王佟，田野，邵龙义，等. 新疆准噶尔盆地早—中侏罗世层序—古地理及聚煤特征[J]. 煤炭学报，2013，38(1)：114－121.

[42] 李玮，胡健民，黎敦朋，等. 新疆博格达山北缘晚古生代—中生代古水流样式转折及其构造意义[J]. 沉积学报，2007，25(2)：283－292.

[43] 陈丹丹，吉鸿杰，陶辉飞，等. 准东地区阜康凹陷南部中下侏罗统沉积特征与沉积演化模式[J]. 天然气地球科学，2015，26(11)：2093－2106.

[44] 龚清. 准噶尔盆地南缘和东缘地区侏罗系沉积特征及构造背景[M]. 北京：中国地质大学(北京)，2015.

[45] 白斌. 准噶尔南缘构造沉积演化及其控制下的基本油气地质条件[M]. 西安：西北大学，2008.

[46] 方世虎，郭召杰，宋岩，等. 准噶尔盆地南缘侏罗纪沉积相演化与盆地格局[J]. 古地理学报，2005，7(3)：347－356.

[47] 德勒恰提·加娜塔依，李玲，任尧，等. 博格达北麓山前凹陷侏罗系沉积相及砂体展布特征[J]. 新疆大学学报(自然科学版)，2015(3)：265－272.

[48] 王哲，金振奎，徐礼贵，等. 准噶尔盆地东部地区八道湾组沉积相与油气富集[J]. 地层学杂志，2014，38(4)：461－469.

[49] 唐忠华，黄芸，张化龙. 准噶尔盆地东部侏罗系沉积相及沉积层序[J]. 新疆石油地质，1997(4)：330－337.

[50] 王建涛. 阜康矿区煤层气开发区块划分与潜力评价田[M]. 郑州：河南理工大学，2016.

[51] 吴俊军，游利萍，杨和山. 准噶尔盆地阜康断裂带构造演化与油气成藏[J]. 新疆石油地质，2013，34(1)：36－40.

[52] 吴孔友，查明，曲江秀，等. 博格达山隆升对北三台地区构造形成与演化的控制作用[J]. 中国石油大学学报(自然科学版)，2004，28(2)：1－5.

[53] 伶蕙. 层序地层学研究及展望[M]. 2017，北京：地质出版社.

[54] 徐强，姜烨，董伟良，等. 中国层序地层研究现状和发展方向[J]. 沉积学报，2003，21(1)：155－167.

[55] 李思田，林畅松，解习农，等. 大型陆相盆地层序地层学研究－以鄂尔多斯中生代盆地为例[J]. 地学前缘，1995(4)：133－136.

[56] 贾承造，赵文智. 层序地层学研究新进展[J]. 石油勘探与开发，2002，29(5)：1－4.
[57] 朱筱敏. 层序地层学[M]. 北京：石油大学出版社，2000.
[58] 邵龙义，窦建伟，张鹏飞. 含煤岩系沉积学和层序地层学研究现状和展望[J]. 煤田地质与勘探，1998(1)：4－9.
[59] 刘诗宇，胡明毅，戴危艳，等. 松辽盆地王府凹陷泉三、四段浅水三角洲沉积特征及模式[J]. 沉积与特提斯地质，2015(3)：35－41.
[60] 李泉儒. 文31断块相控地质建模与非均质性评价田[J]. 成都：成都理工大学，2016.
[61] 王涛，符超峰. 浅水型三角洲前缘钙质夹层的地质意义[J]. 西安科技大学学报，2017，37(2)：226－233.
[62] 刘婷. 黑帝庙地区青山口组高分辨率层序地层学与沉积相研究[D]. 青岛：中国海洋大学，2011.
[63] 杨延强，吴胜和. 陡坡型扇三角洲上一类特殊类型河口坝的研究[J]. 中国矿业大学学报，2015(1)：97－103.
[64] 蔚远江. 准噶尔盆地低煤级煤储层及煤层气成藏初步研究[J]. 北京. 中国地质大学(北京)，2003.
[65] 姜在兴，赵澂林，刘孟慧，等. 东蹼凹陷西部湖相风暴沉积的初步研究[J]. 沉积学报，1990(1)：107－114.
[66] 吴崇筠. 中国含油气盆地沉积学[M]. 北京. 石油工业出版社，1992：25－89.
[67] 冯增昭. 中国沉积学[M]. 北京. 石油工业出版社，2013：36－79.
[68] 周丽清，熊琦华，吴胜和，等. 辫状河三角洲前缘沉积模式及砂体预测——以吐哈盆地菇米油田中侏罗统为例[[J]. 新疆石油地质，1999(5)：402－404.
[69] 陈建强，周洪瑞，王训练. 沉积学及古地理学教程[M]. 北京. 地质出版社，2004. 36－72.
[70] —靳久强，赵文智，薛良清，等. 中国西北地区侏罗纪原型盆地与演化特征[J]. 地质i：评，1999，45(1)：92－104.
[71] —王冠民，钟建华. 班公湖—怒江构造带西段三叠纪—侏罗纪构造—沉积演化[J]. 地质i：评，2002，48(3)：297－303.
[72] 商琳. 准东南部地区构造沉积体系研究[D]. 北京：中国石油大学，2011.
[73] 潘喻斌. 利用地震沉积学研究白家海凸起侏罗系西山窑组沉积相[D]. 武汉：长江大学，2012.
[74] 马庆佑. 新疆博格达山的构造特征与中、新生代的造山活动[D]. 北京：中国地质大学，2006.
[75] 朱世娇. 准噶尔盆地南缘柴窝堡凹陷构造演化及其与油气的关系[D]. 北京：中国地质大学，2006.
[76] 汪新伟，汪新文，马永生. 新疆博格达山的构造演化及其与油气的关系[J]. 现代地质，2007，21(1)：116－124.
[77] 党胜国. 准噶尔盆地南缘山前带构造－沉积演化与油气聚集关系[D]. 西安：西北大学，2007.
[78] 德勒恰提·加娜塔依，李玲，任尧，等. 博格达北麓山前凹陷侏罗系沉积相及砂体分布特征[J]. 新疆大学学报(自然科学版)，2015(3)：265－272.

附录　彩图

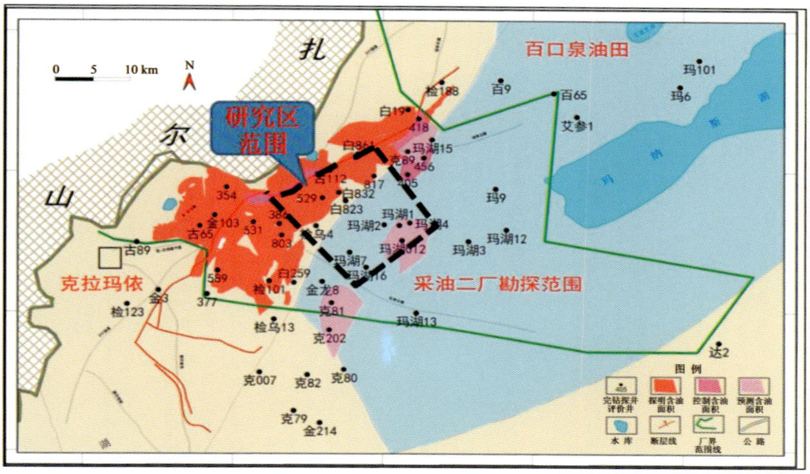

图1－1　研究区分布范围(图中黑色虚线框)

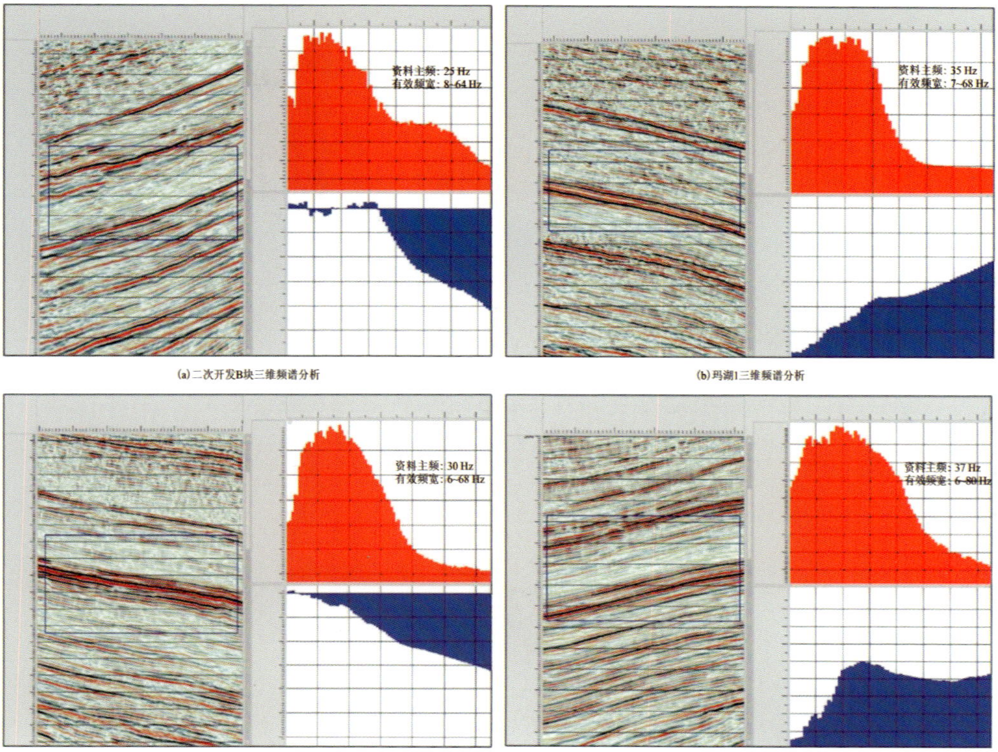

(a)二次开发B块三维频谱分析　(b)玛湖1三维频谱分析

(c)玛10三维频谱分析　(d)中拐581三维频谱分析

图1－5　研究区三维频谱分析

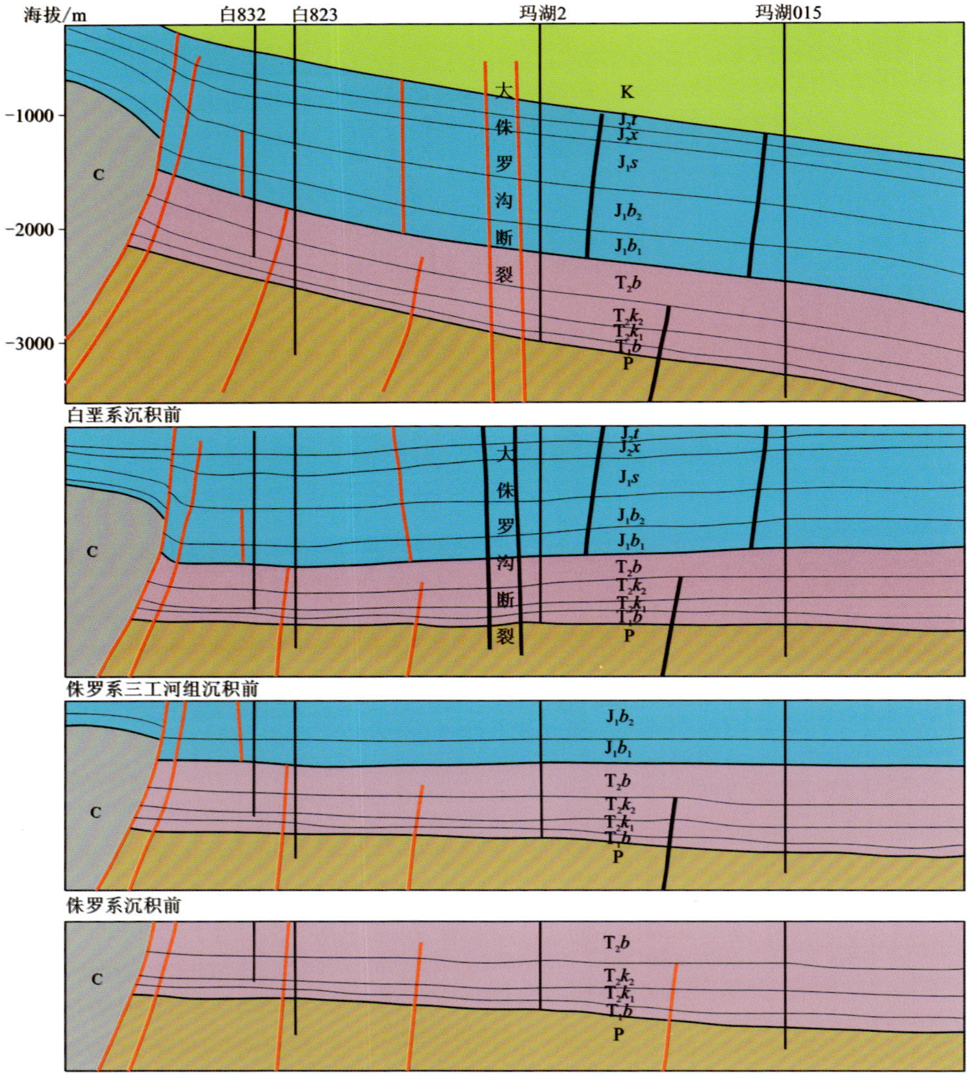

图 1－13　准噶尔盆地西北部二叠系－侏罗系构造演化特征

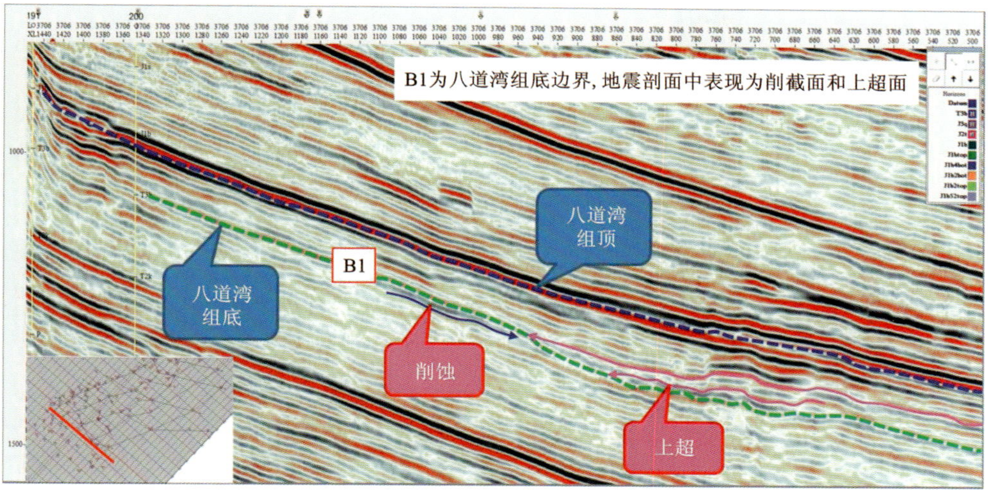

图2-1 八道湾组底部B1层序界面特征(界面表现为削蚀和上超)

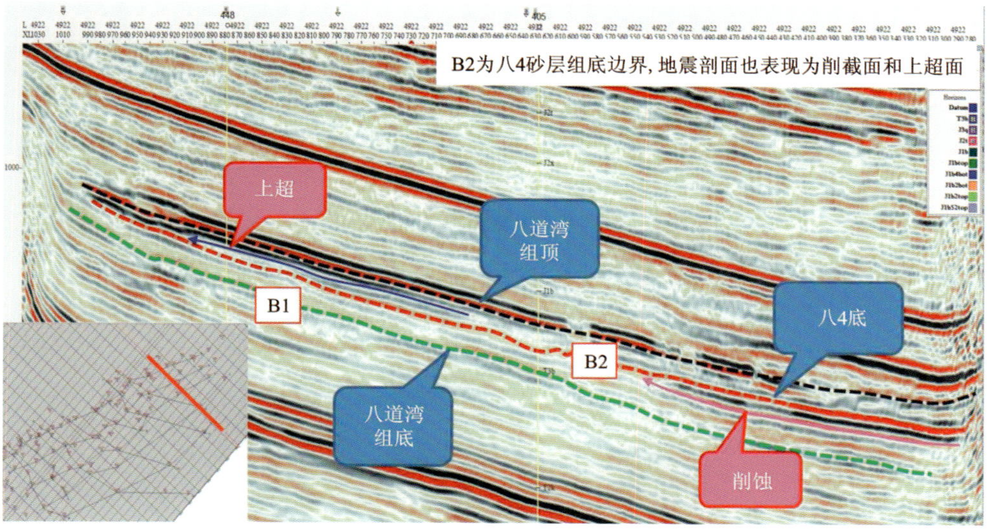

图2-2 八道湾组底部B2层序界面特征(界面表现为削蚀和上超)

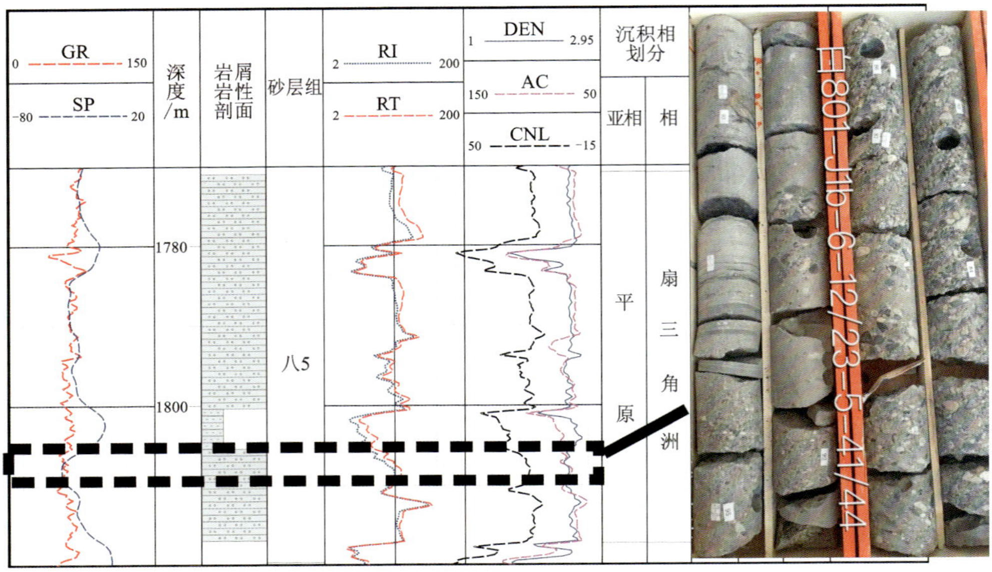

图 3－4　八道湾组白 801 井取芯井段 1806.60～1811.28 m 岩芯相特征

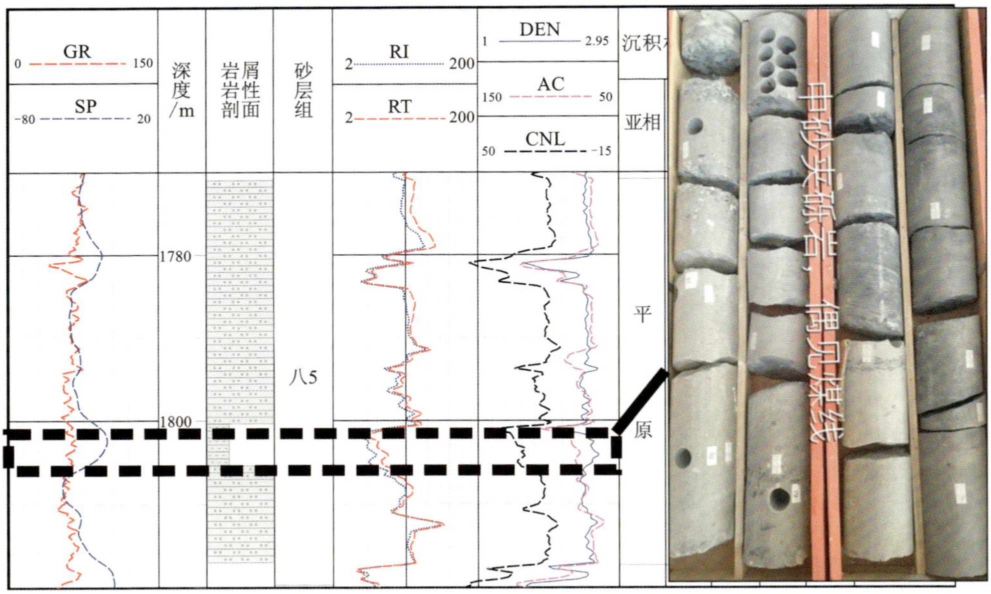

图 3－5　八道湾组白 801 井取芯井段 1803.12～1806.60 m 岩芯相特征

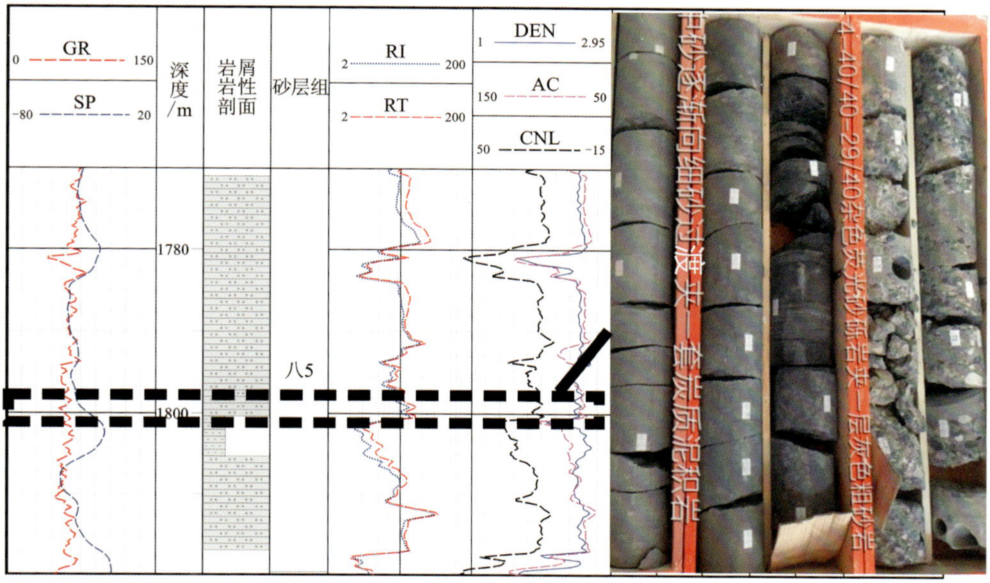

图 3-6　八道湾组白 801 井取芯井段 1799.68～1803.12 m 岩芯相特征

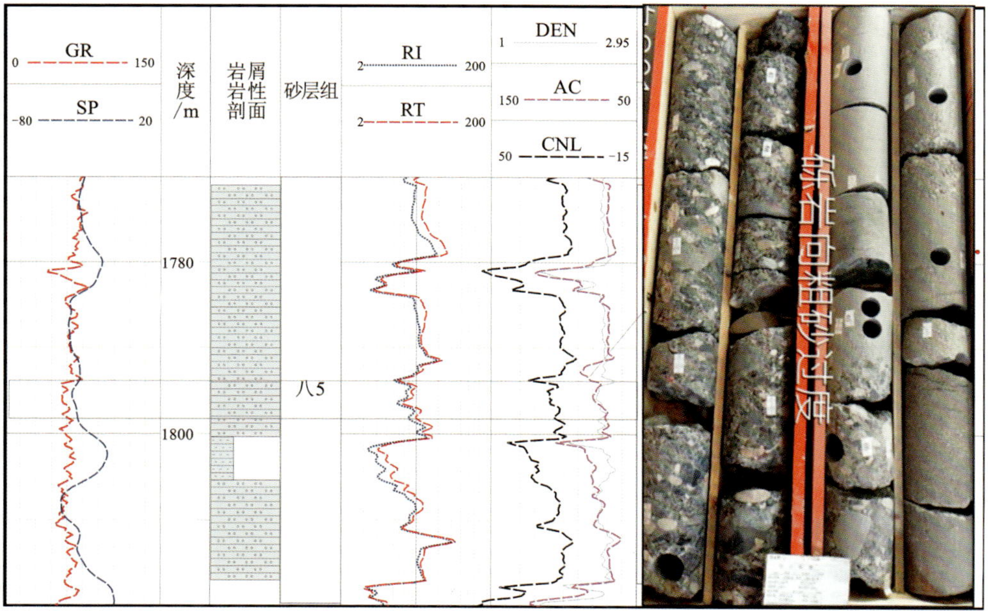

图 3-7　八道湾组白 801 井取芯井段 1795.60～1799.68 m 岩芯相特征

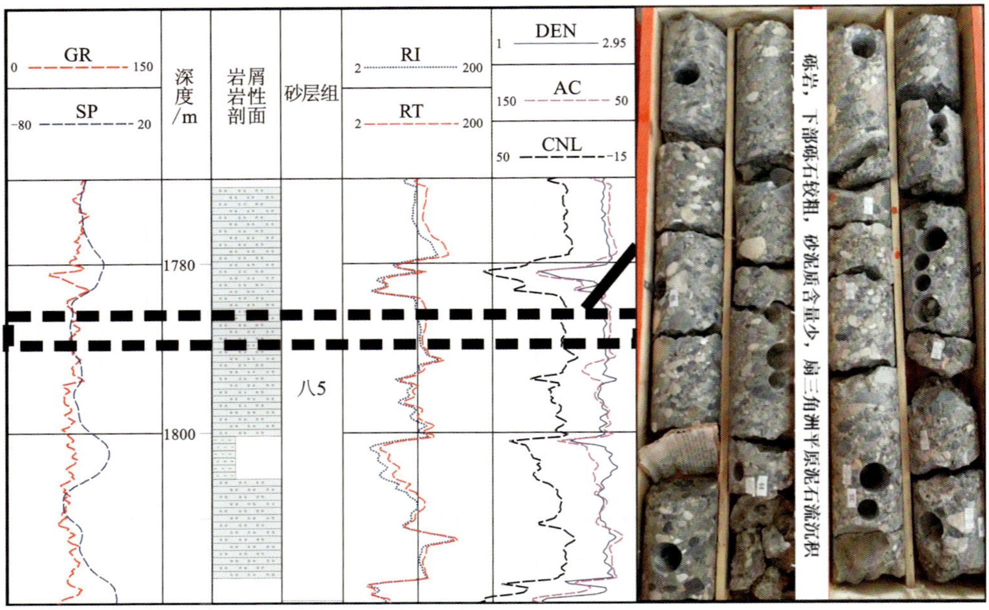

图 3－9　八道湾组白 801 井取芯井段 1786.60～1791.62 m 岩芯相特征

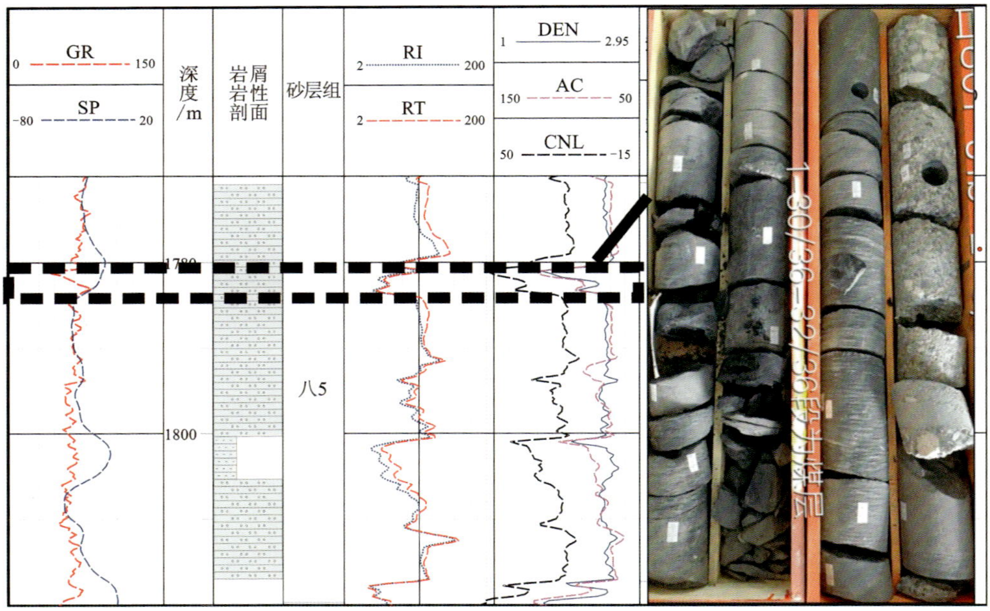

图 3－11　八道湾组白 801 井取芯井段 1778.60～1782.20 m 岩芯相特征

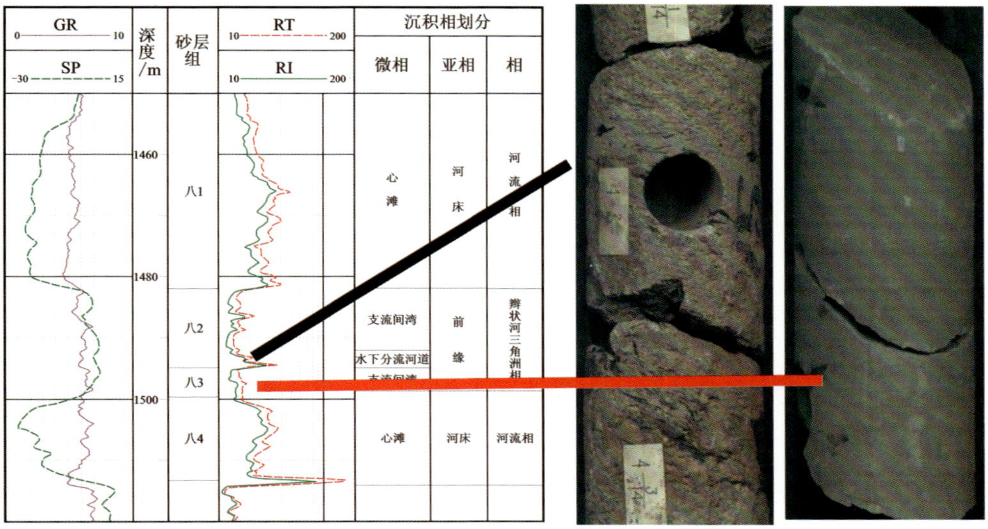

图 3－16 八道湾组 551 井取芯井段 1498.61 m 和 1494.25 m 处岩芯相特征

图 3－17 八区八道湾组 551 井取芯井段 1479.05 m 和 1474.66 m 处岩芯相特征

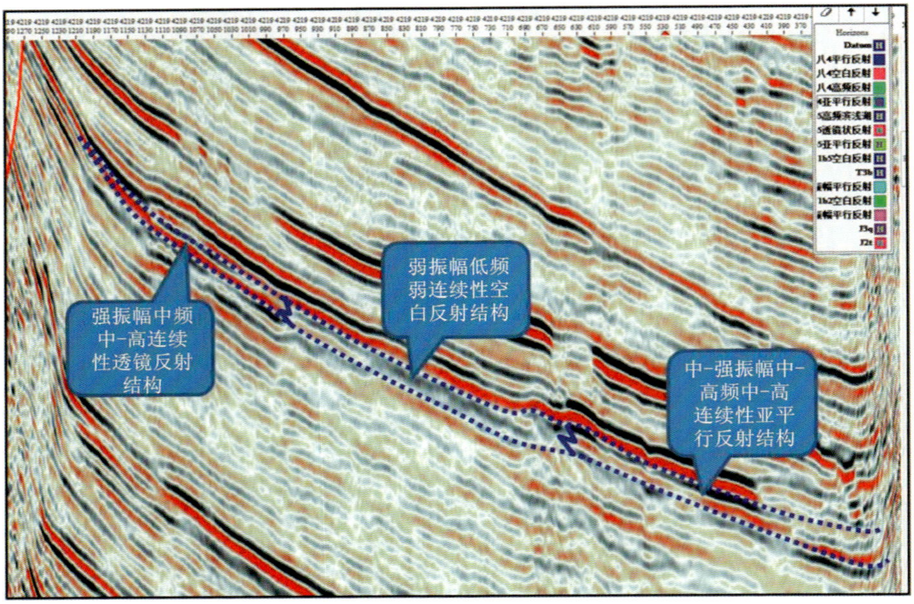

图 3-23　八道湾组八 4 砂层组地震相特征

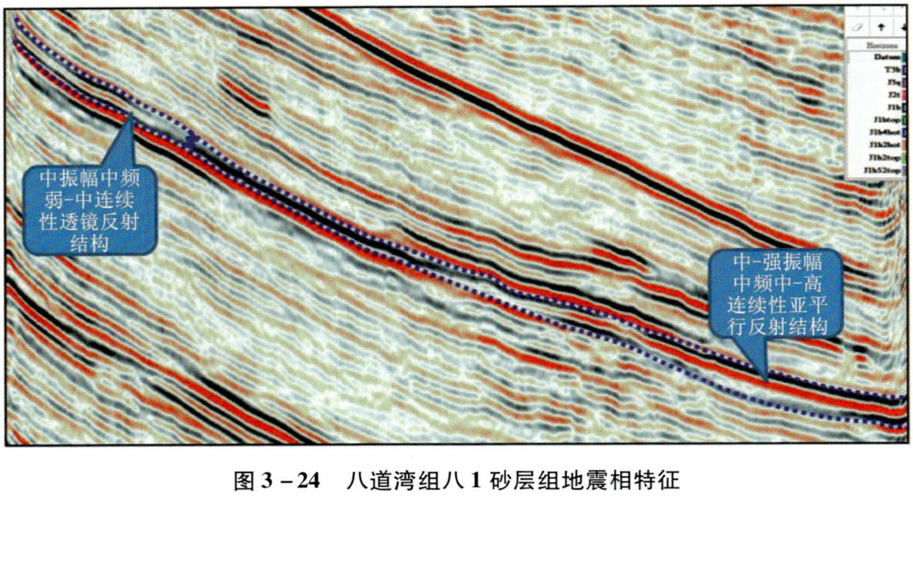

图 3-24　八道湾组八 1 砂层组地震相特征

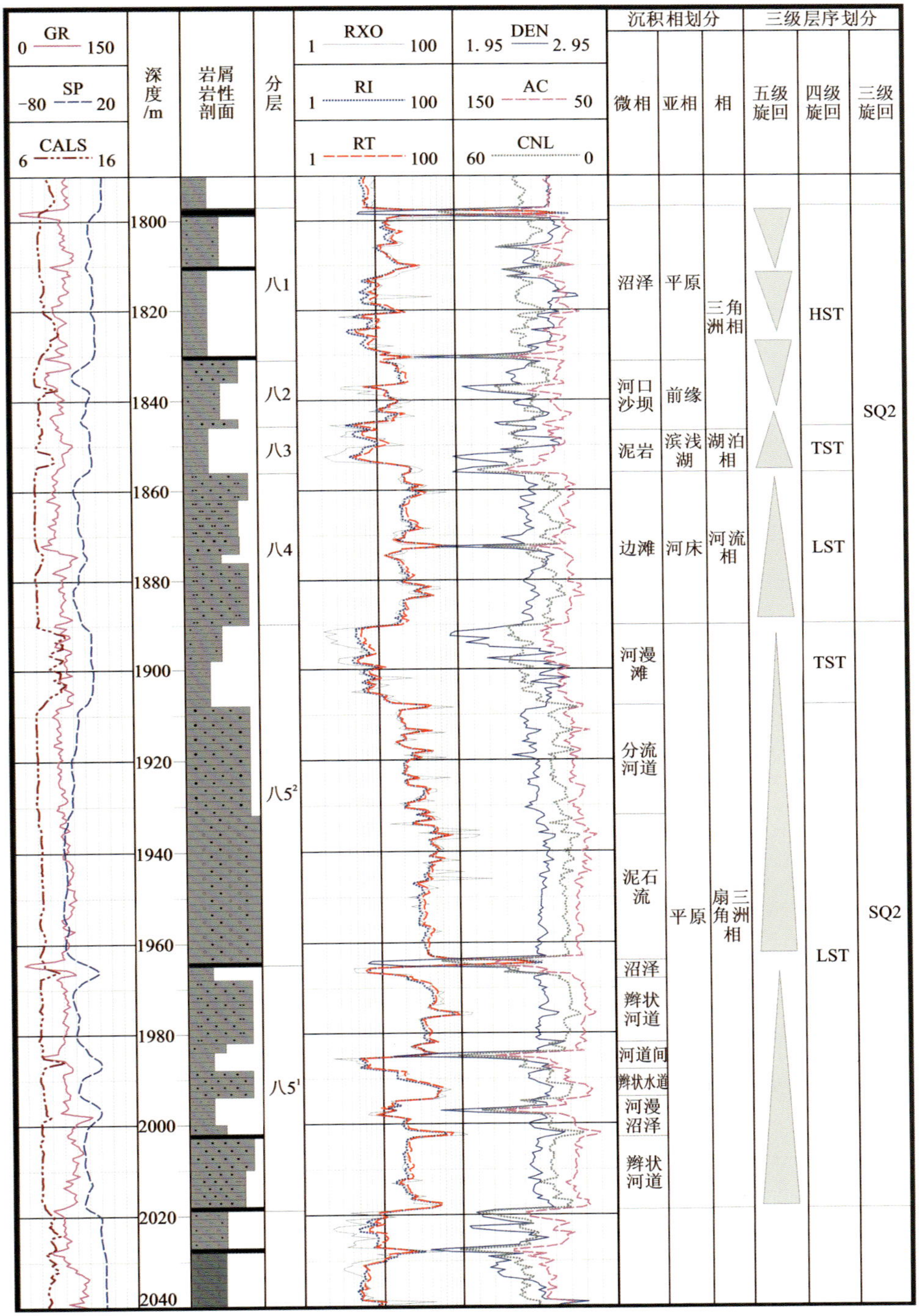

图 3-29 八道湾组沉积相类型划分柱状图

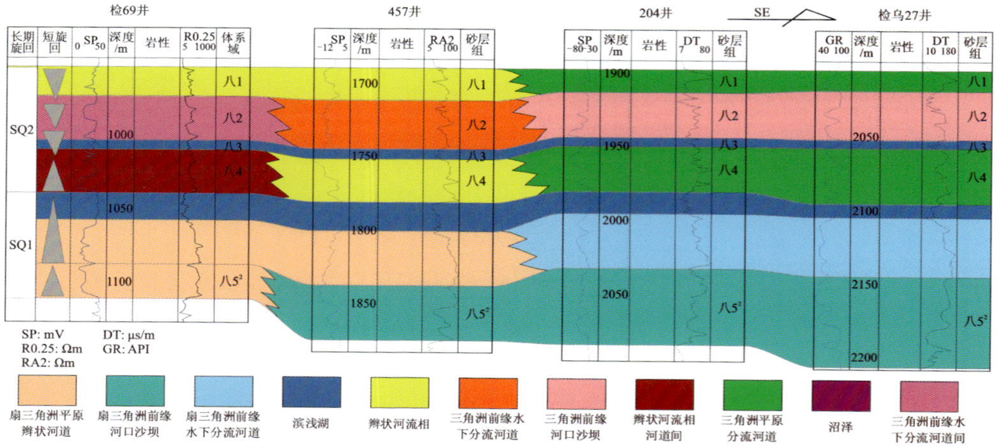

图 3-30　八道湾组沉积相连井对比剖面(NW1)

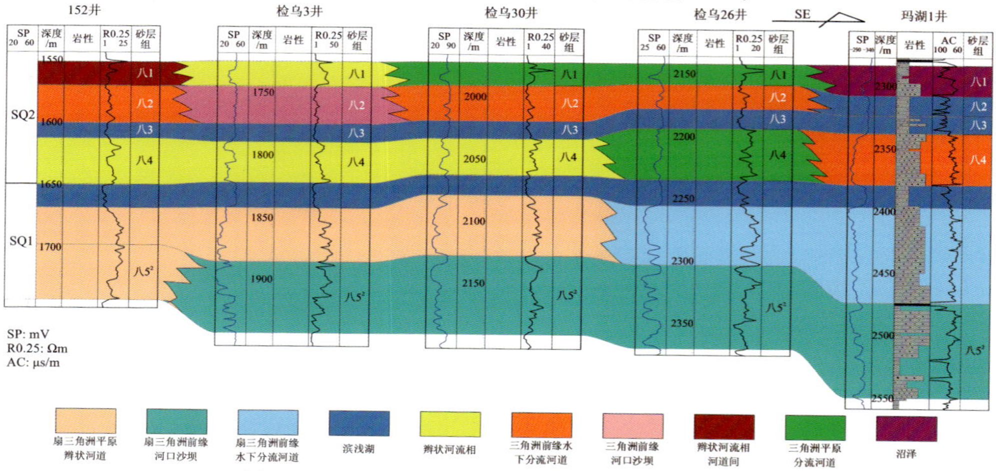

图 3-32　八道湾组沉积相连井对比剖面(NW3)

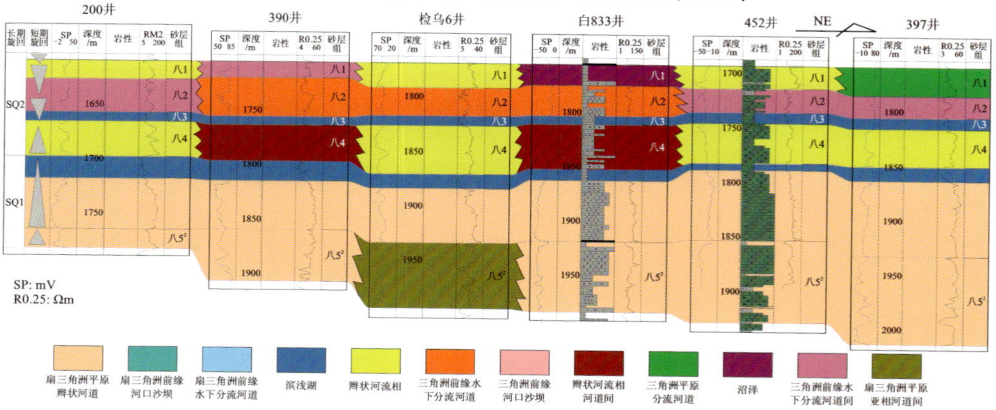

图 3-34　八道湾组沉积相连井对比剖面(NE2)

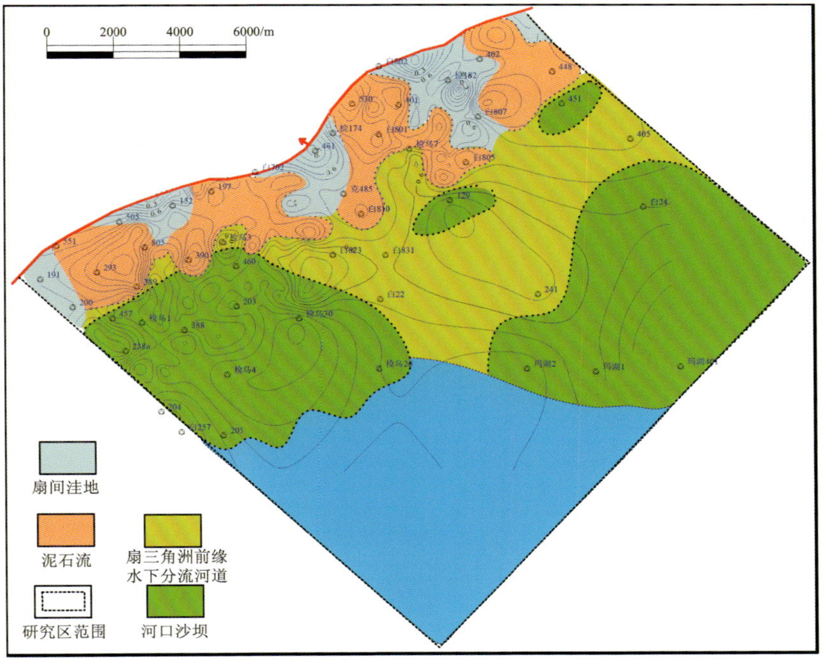

图 3－44　八道湾组八 5^2 砂层沉积相平面分布图

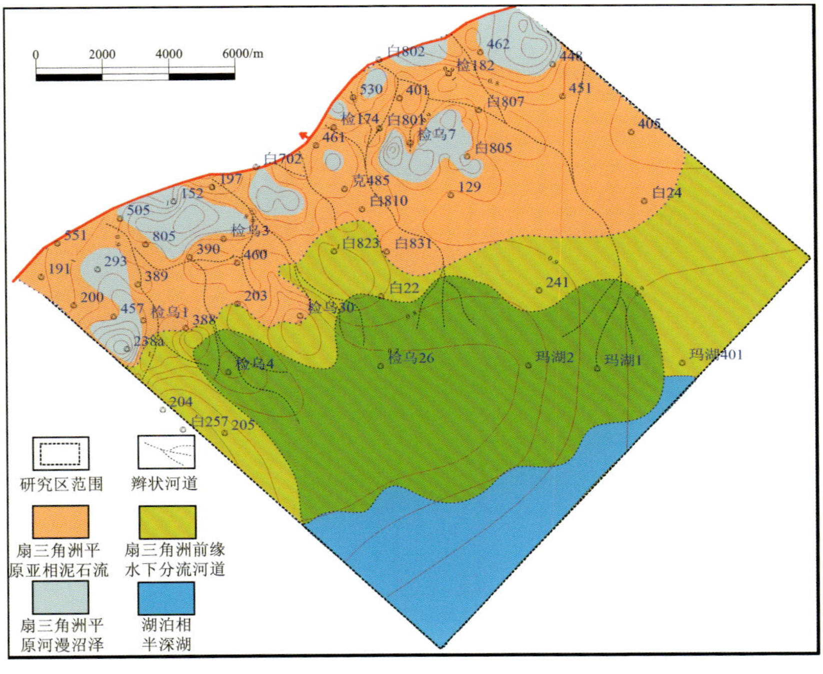

图 3－45　八道湾组八 5^1 砂层沉积相平面分布图

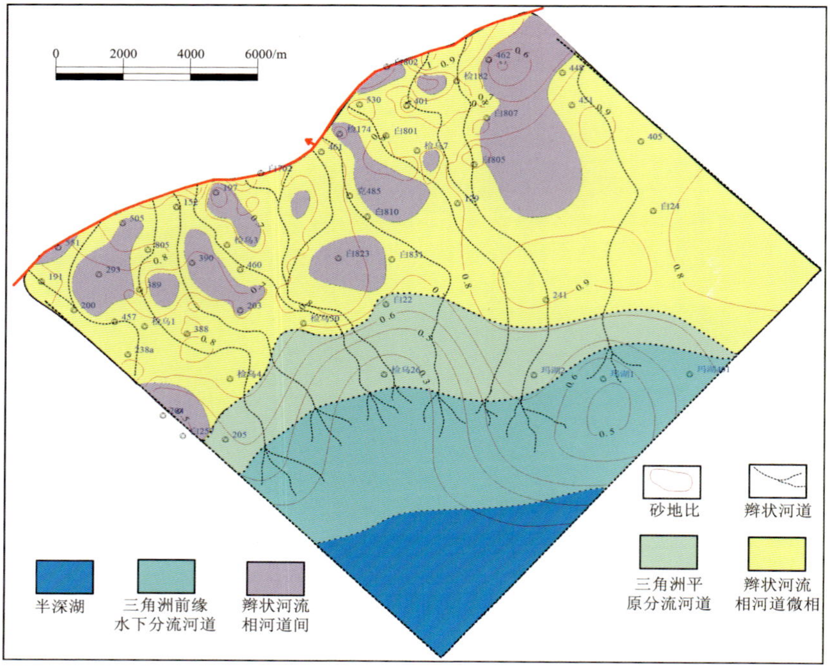

图 3-46　八道湾组八 4 砂层沉积相平面分布图

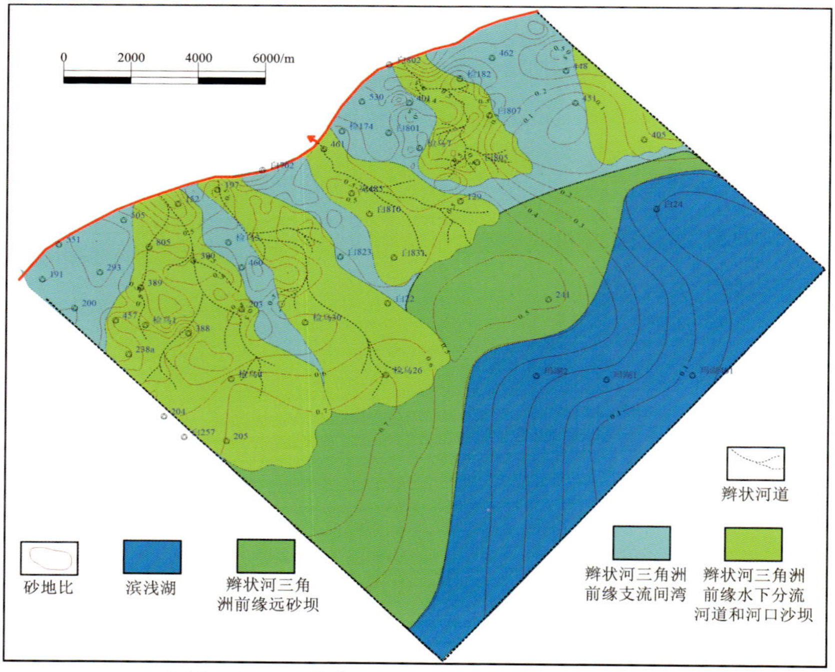

图 3-47　八道湾组八 2 砂层沉积相平面分布图

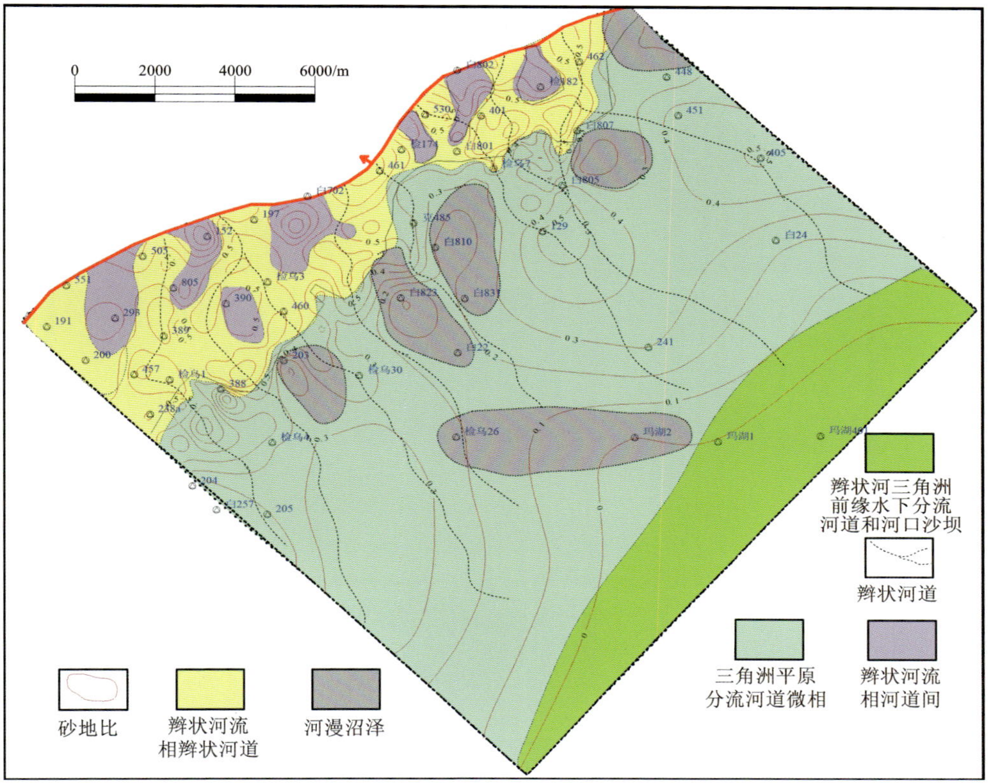

图 3－48　八道湾组八 1 砂层沉积相平面分布图

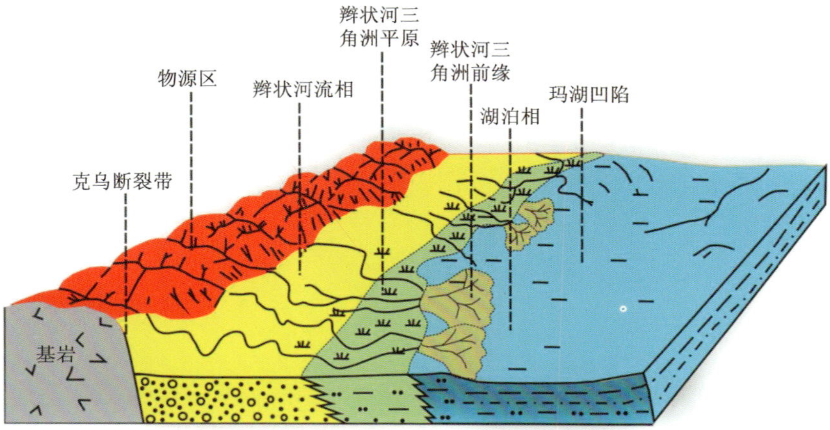

图 3－50　八区八道湾组八 4—八 1 砂层沉积相模式

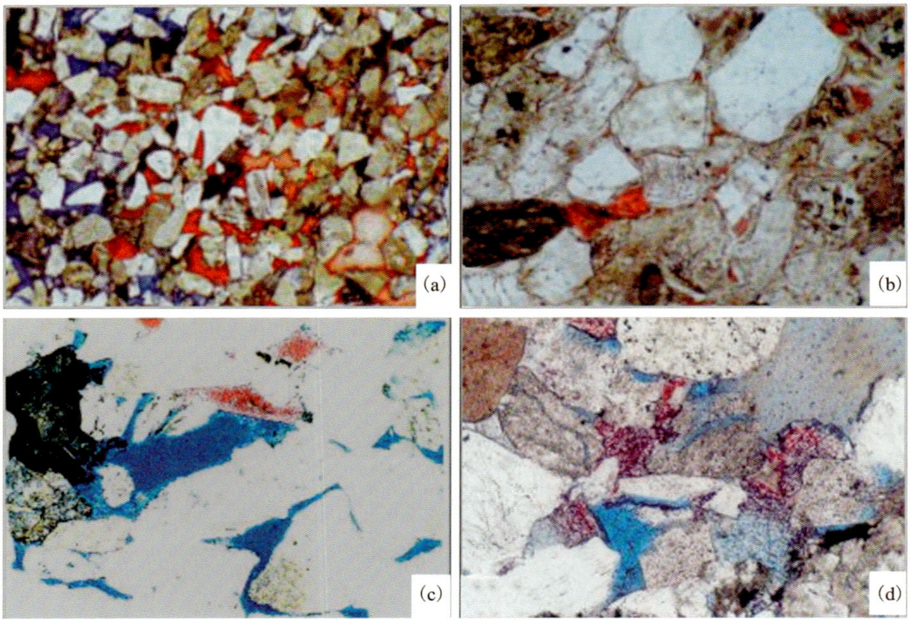

图 4-3　砂岩胶结作用显微特征(玛湖 2 井八道湾组)

(a)早期方解石胶结；(b)早期方解石胶结，未溶解；(c)晚期铁方解石胶结；(d)晚期含铁白云石胶结

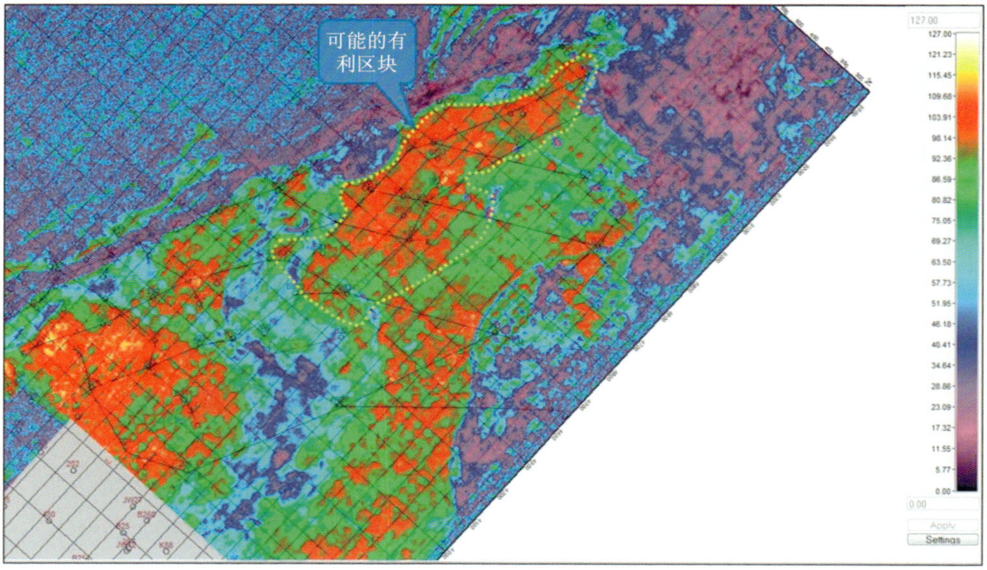

图 5-2　八区八道湾组八 2 砂层组均方根振幅属性提取图中的可能的有利区块分布区

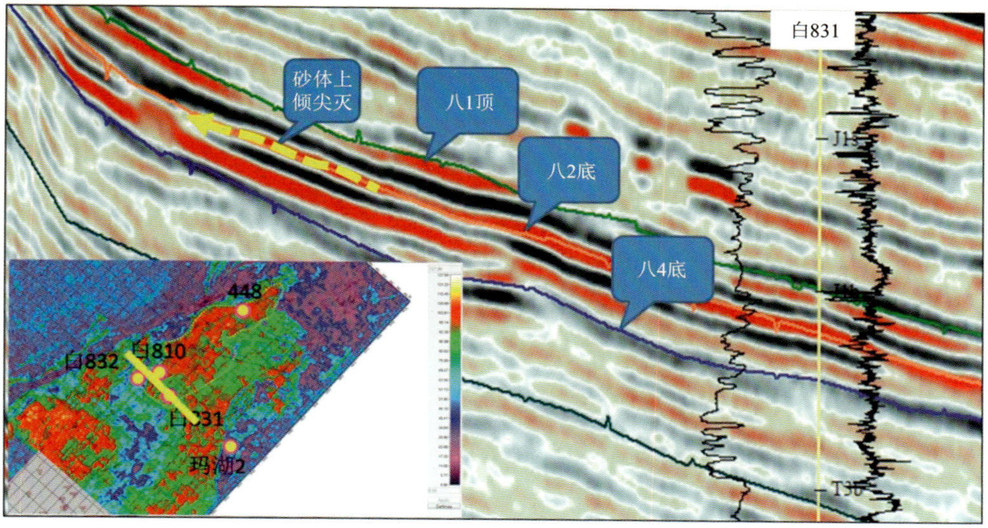

图 5-3 八道湾组八 2 砂层组强振幅同相轴向上倾方向被削蚀

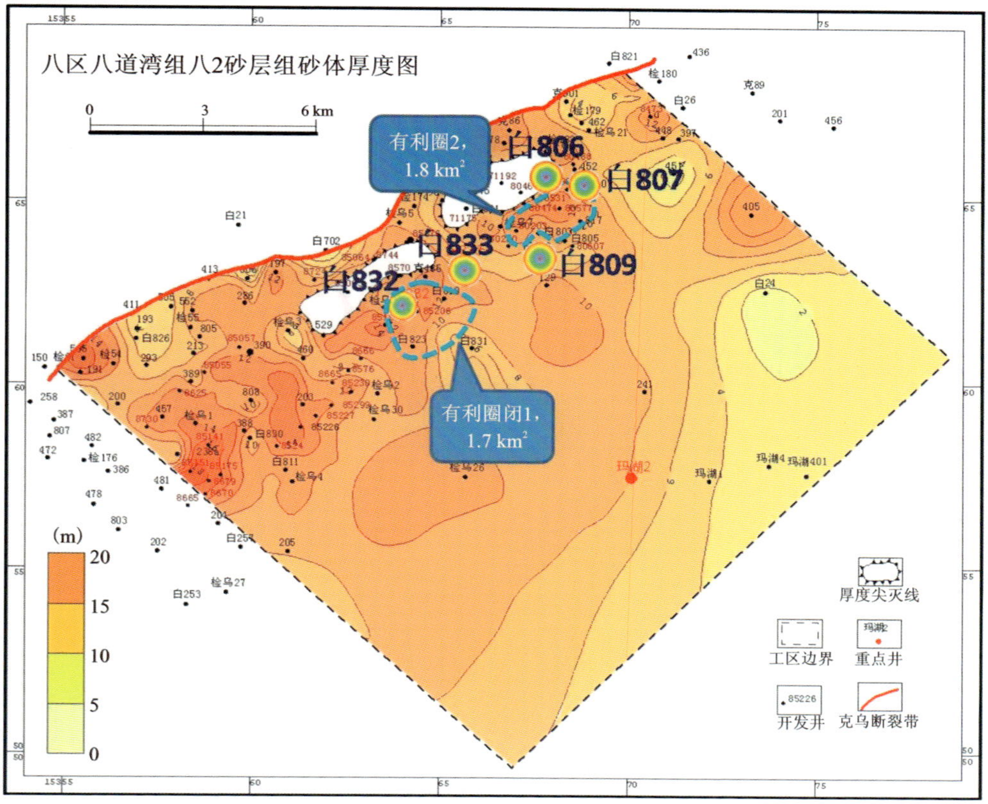

图 5-7 八道湾组八 2 砂层组有利勘探区块

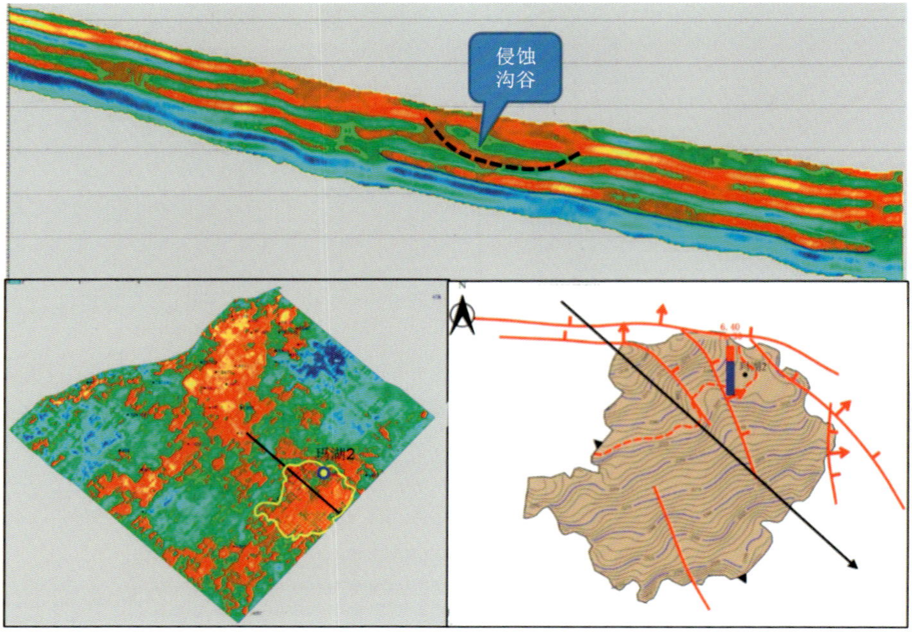

图 5－9　斜坡区玛湖 2 井圈闭八道湾组八 5 砂层组波阻抗反演剖面(一)

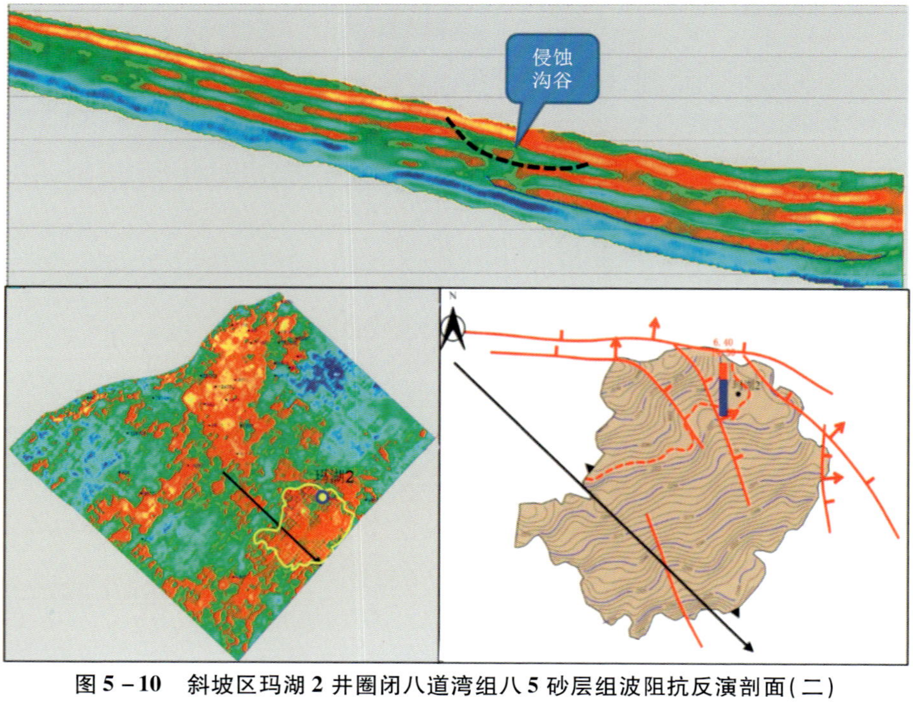

图 5－10　斜坡区玛湖 2 井圈闭八道湾组八 5 砂层组波阻抗反演剖面(二)